iT邦幫忙鐵人賽

博碩文化

U0077531

Azure 雲端運算實戰

使用 PaaS 服務快速打造交談式聊天機器人

2020 iT邦幫忙 鐵人賽 冠軍 iThome

新手也能輕鬆學 Azure！四大主題（無伺服器運算、資料庫服務、
訊息服務、認知服務）一次滿足，手把手帶你用 TypeScript 實作！

◆ 詳細的圖解操作流程，讓你熟悉使用 Azure 雲端平台

◆ 整合 Azure 與聊天機器人，帶你建置、管理及部署應用程式

◆ 列舉一個雲端架構，引導你善用 Azure 服務設計屬於自己的解決方案

莊閔期 (Mickey Chuang) —— 著

作　　　者：莊閔期（Mickey Chuang）
責任編輯：林楷倫

董　事　長：陳來勝
總　編　輯：陳錦輝

出　　　版：博碩文化股份有限公司
地　　　址：221 新北市汐止區新台五路一段112號10樓A棟
　　　　　　電話(02) 2696-2869　傳真(02) 2696-2867

發　　　行：博碩文化股份有限公司
郵撥帳號：17484299　戶名：博碩文化股份有限公司
博碩網站：http://www.drmaster.com.tw
讀者服務信箱：dr26962869@gmail.com
讀者服務專線：(02) 2696-2869 分機 238、519
（周一至周五 09:30 ～ 12:00；13:30 ～ 17:00）

版　　　次：2022 年 3 月初版一刷

建議零售價：新台幣 600 元
I S B N：978-626-333-062-7
法律顧問：鳴權法律事務所 陳曉鳴律師

本書如有破損或裝訂錯誤，請寄回本公司更換

國家圖書館出版品預行編目資料

Azure 雲端運算實戰：使用 PaaS 服務快速打造交談式
聊天機器人 / 莊閔期著 . -- 初版 . -- 新北市：博碩文化
股份有限公司 , 2022.03
　　面；　公分 . -- (iT 邦幫忙鐵人賽系列書)
ISBN 978-626-333-062-7(平裝)

1.CST: 雲端運算 2.CST: TypeScript(電腦程式語言)

312.136　　　　　　　　　　　　　111003285

Printed in Taiwan

博碩粉絲團

歡迎團體訂購，另有優惠，請洽服務專線
(02) 2696-2869 分機 238、519

序言

PREFACE

你有在用雲端嗎？就算是你不是程式設計人員，在生活中很有可能不知不覺中已在使用雲端服務。如 Google Map 導航、Gmail 收發信件、蘋果手機、電腦 iCloud 備份、使用 Office 365、訂閱 Netflix、Spotify、KKBOX，有多少人每個月會繳費給這些影音平台，甚至新冠肺炎疫情期間多數人都使用到 Teams、Skype 線上開會或上課，這些其實都是雲端應用。

自從 Amazon 於 2006 年創立 AWS，各家大廠也陸續推出自家的雲端運算平台如 Microsoft Azure、Google GCP 這些雲端平台可以幫助開發人員快速打造應用程式。當你拿起這本書閱讀時，是否感覺到雲端運算已經充斥蔓延在每個行業中，如果連非程式設計人員都離不開雲端應用，為了將雲端運算技術應用在各個領域中，那身為雲端開發人員或想成為雲端開發人員的你是不是應該更加了解並練習使用它。本書希望提供更多新手，無論您是剛開始使用雲端，或在使用雲端上遇到困難，或是已經有雲端經驗但還不熟悉 Azure，本書都能帶您輕鬆實際操作 Azure 體驗做中學的互動式練習。

本書內容包含了 Microsoft Azure 雲端運算的基礎知識、基本的 LINE、Teams 聊天機器人開發方式，與數個 Azure 提供的雲服務，至於為什麼選用聊天機器人為練習的載體？是因為聊天機器人的開發過程大部分都是在處理資料格式轉換與服務間的串接，而網頁與 APP 具有較多的前端元素需要處理，本書不希望只是帶你開發好網頁或 APP 部署到 Azure 上就結束，而是希望用一個較符合實際狀況的案例，以 LINE 商家聊天機器人為主應用程式能綁定會員、查詢商品等，Teams 則為商家的行銷及技術人員群組負責推播廣告資訊及處理異常通報，幫助你思考如果要完成上述功能，可以使用哪些

Azure 提供的雲服務完成，並加速開發，希望你閱讀過本書後，將來在面對不同應用場景，能使用你擅長的開發工具，選擇適合的雲端服務，打造你自己的系統架構。

原書程式碼

本書中所有的範例程式碼都可以從 GitHub 下載

https://github.com/mtaozhu/azure-cloud-build-chatbot-with-paas

推薦序

RECOMMENDED ORDER

進入雲端世界的第一步 由此書開始

回想起 2010 年「雲端」二字初起之時，邊教育市場、邊推動雲端服務，每位與會者的眼神散發吸取新知的注目，而臉上卻帶著茫然與困惑，讓我身歷其境地猶如在雲上飄著。時光一轉，現今各行各業爭相與雲端結合並以此拓展商業模式與服務方式，吃喝玩育樂無一不有，餐飲業的雲端廚房、音樂與影音的串流平台、購物的交易平台、照片資料的儲存平台、互通聯繫的通訊軟體等，10 年後的生活，可說是已被雲端綁架也不為過。

雲服務發展過程中，隨著生活應用的場景越來越多，與人們對於創新科技應用的期待與碰撞下，現行的雲服務已從單一應用擴展為多元運行，而支撐起「雲服務」的雲端運算技術即是提供所有服務的中樞核心，其技術概念簡單易懂，連非技術人員都對此熟悉不陌生，也正因如此，雲服務廠商在 10 年內以迅雷不及掩耳的速度如雨後春筍般興起，然而，品質與服務的掌控，以及相對應的產業應用與規劃，都是深如似海的學問。對於雲服務的品質與服務的掌控，雲端平台的彈性運用與支援、安全管控與相容，甚至是在趨勢發展的應用擴充等，都是選擇雲端平台的考量元素。而 Microsoft Azure、Google GCP、AWS 等都是協助開發人員快速部署應用程式及相容擴充彈性大的雲端平台。

本書涵蓋雲端運算的概念與型態、技術實作、趨勢應用與產品實務，以深入淺出、循序漸進的方式介紹雲端運算概論的同時，也讓讀者們在 Microsoft Azure 上透過實際部署雲端運算的互動練習中，實現創意建置的體驗。Microsoft Azure 的功能不斷推陳出新，為現況與未來的趨勢應用推動創新，將應用程式現代化，更打造結合認知服務，且不受時間地點限制的雲端行動體驗，能更快速便捷的部屬工作負載。本書作者以自學累積的知識與實務經驗，結合了現行趨勢應用的聊天機器人，一步步帶你進入雲端世界。無論是對雲服務有興趣者，抑或是新踏入雲世界的你，透過本書將讓你更了解如何善用 Microsoft Azure 設計屬於自己的應用程式！

張沛晴

Microsoft One Commercial Partner Marketing Assistant Manager

目錄
CONTENTS

第 4 章 資料庫服務 Azure Cosmos DB

第 5 章 資料緩存服務 Azure Cache for Redis

第 6 章 服務匯流排 Azure Service Bus

第 7 章　認知服務 Azure Cognitive Services

第 8 章　Azure PaaS 服務整合
範例：商家聊天機器人

Note

1

雲端運算
Microsoft Azure

>> 了解雲端運算的基本知識

>> 了解 Azure 雲端平台提供的服務類型

>> 安裝開發環境及事前準備

1.1 什麼是雲端運算？

您曾經好奇什麼是雲端運算嗎？其實透過網路傳遞共享的運算服務，就稱為雲端。這些服務包括伺服器、儲存資源、資料庫、網路安全、軟體、分析等。雲端運算具有用多少付多少價格的特性，透過網路傳遞計算服務使用量，使用者只須支付所用的雲端服務費用，這有助於降低營運成本，並隨著業務需求變化，更有效率地調整基礎設施資源。換句話說，雲端運算是一種從第三方資料中心租用運算能力和儲存空間的方式。當您完成使用這些資源後，將其釋放返還即可。只需要為所使用的功能支付費用。無須維護資料中心的 CPU 與儲存體等硬體設施，而是在您需要時租用。雲端業者會負責為您維護這些基礎設施讓您可專注快速解決開發任務與提供解決方案。

1.1.1 雲端運算類型

雲端運算有三種部署類型：「公用雲」、「私有雲」與「混合雲」。當您將應用轉移至雲端時，應考慮每個部署類型的特性。

1. 公用雲

雲服務透過公共網路提供，任何人都可以使用購買租用該服務，其雲端資源（例如伺服器與儲存體）由雲端服務提供者所擁有及維護，並透過網路傳遞資料。公用雲端的部署速度也比從組織內部部署基礎設施還快，並具備無限擴充的能力。

2. 私有雲

私有雲其雲服務是由某個企業或單位透過公共或內部網路提供，只允許特定的使用者取用，以獨佔方式使用運算資源。私有雲通常實際位於組織的本地端資料中心，雖然安全性大於公有雲，但缺點是使用者需負責管理私人雲端，增加維護私有雲所需的成本。

3. 混合雲

混合式雲端是一種運算環境，可讓資料和應用程式在公有雲與私人有雲之間共用，藉以結合這兩種雲端。

1.1.2 雲端服務類型：IaaS、PaaS、SaaS

其實大多數雲端運算服務可分為三個服務類型：

1. IaaS：基礎設施即服務。

2. PaaS：平台即服務。

3. SaaS：軟體即服務。

IaaS（Infrastructure as a Service）

「IaaS」最基本的雲端運算服務類別。提供硬體資源給客戶，包括：運算、儲存、網路 …… 等所以，我們可以把雲端運算中心它想像成是一個大型機房跟儲存著巨量資料的資料中心，使用者需要透過網路連入雲端運算中心並使用它提供的硬體資源，像是伺服器與虛擬機器（VM）、儲存體、網路以及作業系統。

PaaS（Platform as a Service）

「PaaS」用來開發、測試、傳遞與管理軟體應用程式的環境。簡單來說開發人員可以直接在這個平台上撰寫程式，並對外提供服務讓開發人員更輕鬆快速地建立 Web 或行動應用程式，而無須費心設定或管理開發所需伺服器、儲存體、網路與資料庫的基礎設施。

SaaS（Software as a Service）

「SaaS」是建立在 IaaS 與 PaaS 為基礎的應用程式，讓使用者不需要會撰寫程式即可透過網路連接直接使用的雲端應用程式，且通常是以訂閱隨用隨付制加以購買。常見範例為電子郵件、行事曆以及 Microsoft Office 工具。

圖 1-1　雲端服務類型

1.2 Microsoft Azure 簡介

Microsoft Azure 是不斷擴充服務的雲端運算平台如圖 1-2 所示，Azure 提供數以百計的雲服務產品，可協助開發者建置符合業務需求的解決方案，讓您在超大型全域網路上使用自己慣用的開發工具和框架，來自由地建置、管理和部署應用程式。Azure 提供豐富的雲端服務，服務的範圍包含 IaaS、PaaS、SaaS 例如伺服器、計算、網路、儲存體、資料庫、安全管理、DevOps 也提供巨量資料、AI 和物聯網 (IoT) 等功能甚至到 Office365 整合。

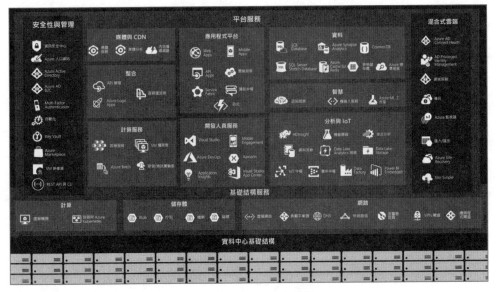

圖 1-2 Azure 服務概觀

1.3 開發環境建置

建立 Azure 帳戶

要使用 Azure 雲平台，您需要建立 Azure 帳戶。

STEP 1：請前往 Azure 網站註冊免費帳戶如圖 1-3，點選 **[開始免費使用]**。

Azure 網站：https://azure.microsoft.com/zh-tw/free/

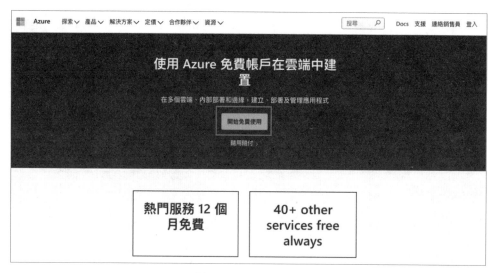

圖 1-3 Azure 網站

STEP 2：輸入信箱作為 Azure 帳號，點選 **[Next]**。

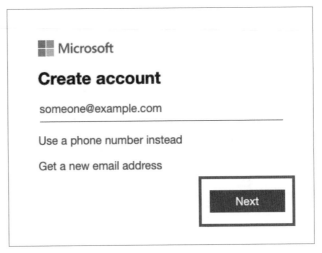

圖 1-4　建立帳號

STEP 3：輸入帳戶密碼，點選 **[Next]**。

圖 1-5　建立密碼

STEP 4：前往您的信箱收取驗證信複製驗證碼。

圖 1-6 收取驗證信

STEP 5：輸入驗證碼，點選 **[Next]**。

圖 1-7 輸入驗證碼

STEP 6：驗證完成後會跳出下視窗，開始啟用免費帳戶。

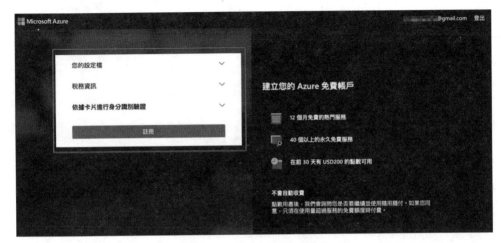

圖 1-8　啟用免費帳戶

STEP 7：輸入您的基本資料，綁定信用卡後，點選 **[註冊]**。

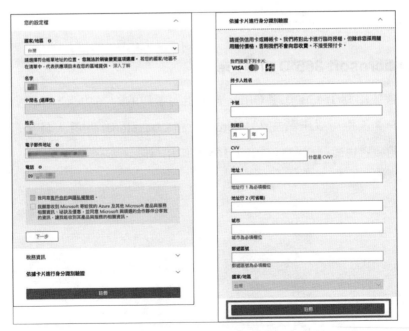

圖 1-9　輸入基本資訊

STEP 8：註冊成功後您會收到通知信，如圖 1-10。

圖 1-10 啟用成功通知

Azure 免費帳戶包括

1. 12 個月的熱門 Azure 產品免費存取權。

2. 前 30 天，可抵用雲端費用 200 美元額度的點數。

3. 超過 25 款永遠免費產品的存取權。

加入 Microsoft 365 Developer

本書會使用到 Teams 軟體 Office 365 租用帳戶的附加功能，如果您尚未擁有 Office 365 也可以申請加入 Microsoft 365 Developer 開發人員計畫，成為 Teams 開發者也能同樣擁有 Office 365 的使用權限。

STEP 1： 請前往 Microsoft 365 Dev Center 網站如圖 1-11，點選 **[Join now]**。

Microsoft 365 Dev Center：
https://developer.microsoft.com/en-us/microsoft-365/dev-program

圖 1-11　Microsoft 365 Dev Center

STEP 2： 登入您剛建立的 Azure 帳戶。

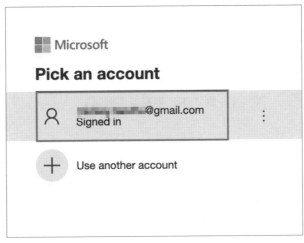

圖 1-12　登入 Azure 帳戶

STEP 3：填寫基本資訊，點選 [Next]。

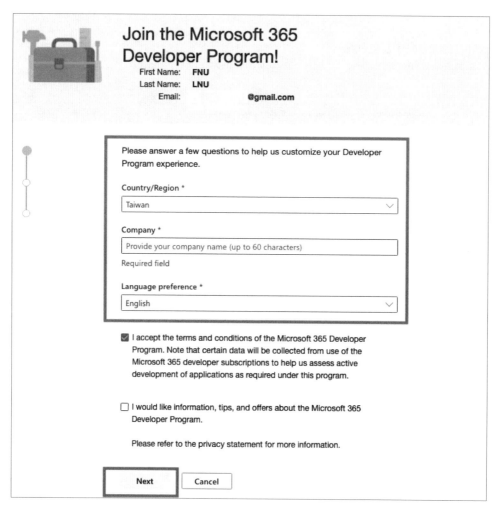

圖 1-13　填寫基本資訊

STEP 4：填寫申請目的，點選 **[Next]**。

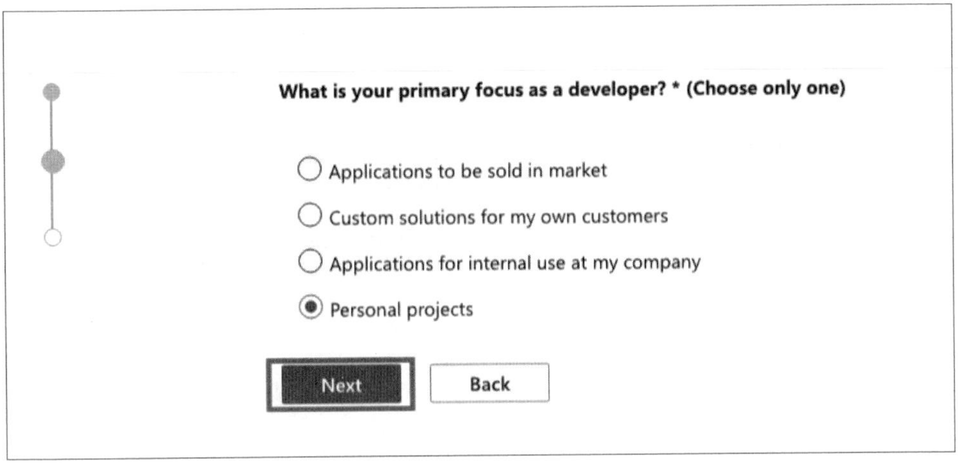

圖 1-14 填寫申請目的(一)

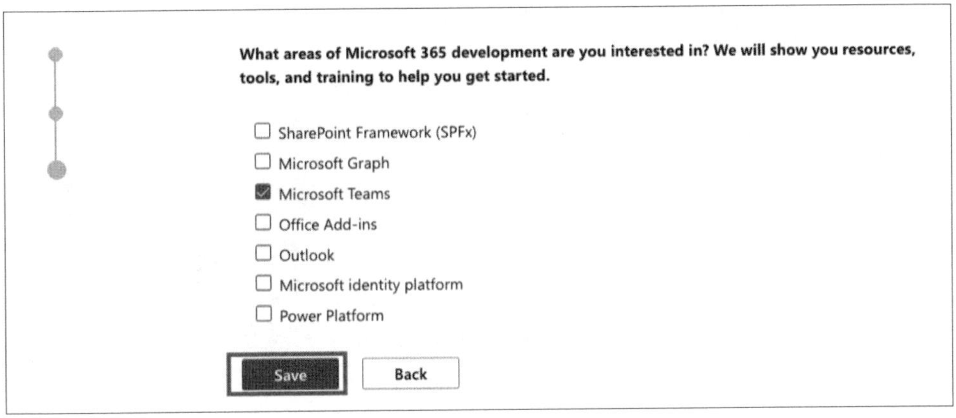

圖 1-15 填寫申請目的(二)

STEP 5：選擇 **[Instant sandbox]** 點選 **[Next]** 您需要訂閱

Microsoft 365 E5 Sandbox，才可以建構 Teams 應用。

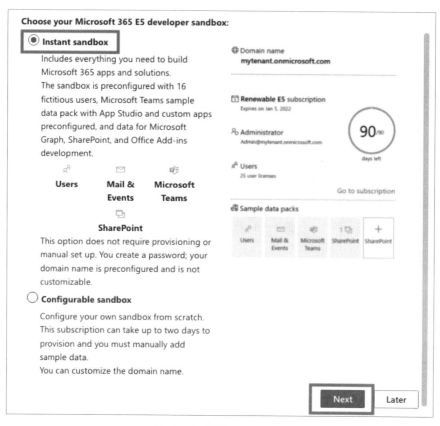

圖 1-16 訂閱 sandbox

STEP 6：設定 sandbox，填寫開發者資訊，點選 **[Set up]**。

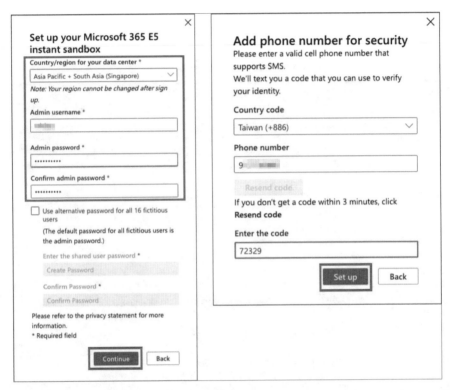

圖 1-17　設定 sandbox

STEP 7：加入開發人員計畫成功後您會收到一封歡迎電子郵件。

圖 1-18　歡迎加入通知

安裝 Node.js

前往 https://nodejs.org/zh-tw/download/ 如圖 1-19，下載您的電腦作業系統適用的安裝檔並安裝。

圖 1-19 安裝 Node.js

安裝完成後開啟終端機輸入 $ node -v 與 $ npm -v 確認 node 版本如圖 1-20。

圖 1-20 確認 node 版本

提醒：請確保您本機的 Node.js 為 14 版以上，若低於 14 版請安裝新版。

安裝 TypeScript

開啟終端機輸入 $ npm install -g typescript 安裝 TypeScript 如圖 1-21。

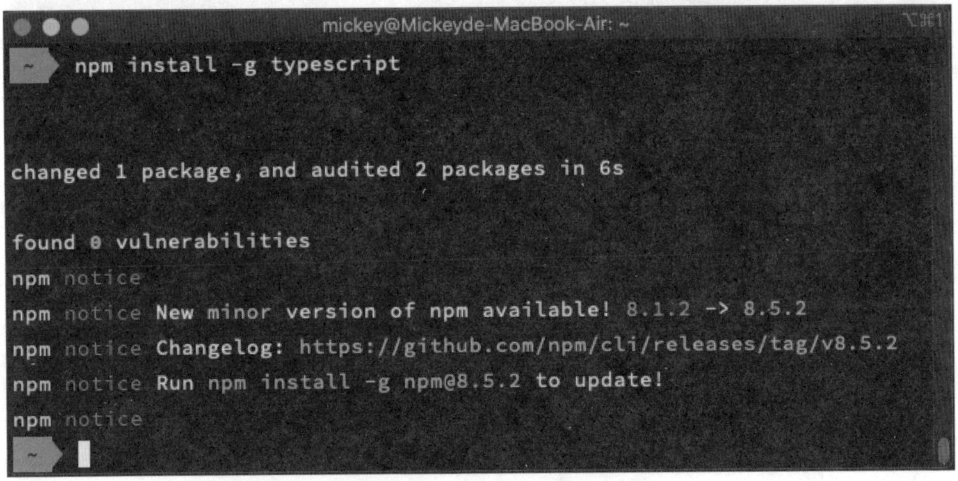

```
mickey@Mickeyde-MacBook-Air: ~

~    npm install -g typescript


changed 1 package, and audited 2 packages in 6s

found 0 vulnerabilities

npm notice
npm notice New minor version of npm available! 8.1.2 -> 8.5.2
npm notice Changelog: https://github.com/npm/cli/releases/tag/v8.5.2
npm notice Run npm install -g npm@8.5.2 to update!
npm notice

~
```

圖 1-21 安裝 TypeScript

終端機輸入 $ tsc -v 與確認是否安裝成功與版本。

```
mickey@Mickeyde-...

~    tsc -v
Version 4.6.2

~
```

圖 1-22 確認 TypeScript 版本

安裝 ts-node

Node.js 的 ts-node 套件是一個 TypeScript 執行引擎能將 TypeScript 轉換為 JavaScript，使您無需預編譯即可直接在 Node.js 上執行 Typescript 程式。在終端機輸入 $ `npm install -g ts-node`。

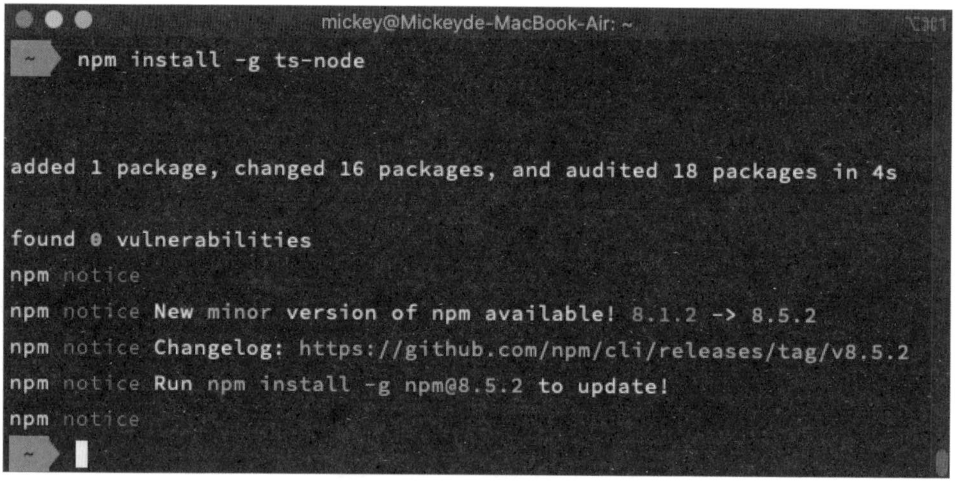
mickey@Mickeyde-MacBook-Air: ~
npm install -g ts-node
added 1 package, changed 16 packages, and audited 18 packages in 4s
found 0 vulnerabilities
npm notice
npm notice New minor version of npm available! 8.1.2 -> 8.5.2
npm notice Changelog: https://github.com/npm/cli/releases/tag/v8.5.2
npm notice Run npm install -g npm@8.5.2 to update!
npm notice

圖 1-23 安裝 ts-node

安裝 ngrok

ngrok 是一個 reverse proxy 的工具如圖 1-24 使外部網路可以連結到你的本機 localhost，在開發聊天機器人的過程中，可以透過 ngrok 來快速測試我們在開發中的本地程式碼（Webhook）。

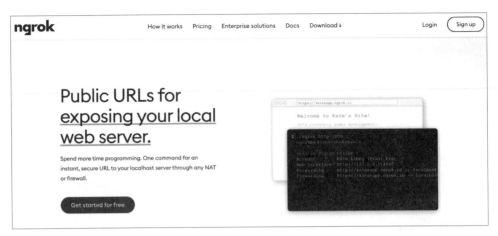

圖 1-24 ngrok

備註：聊天機器人會需要設定 Webhook URL，讓用戶端應用程式（如 LINE、Teams）可以將訊息傳送到你的 server 上面。詳細的概念會在 Chapter2 說明

　Mac 可以透過 Homebrew 工具直接安裝 ngrok，終端機輸入 $ brew install ngrok/ngrok/ngrok，安裝完成後終端機輸入 $ ngrok version 確認版本。

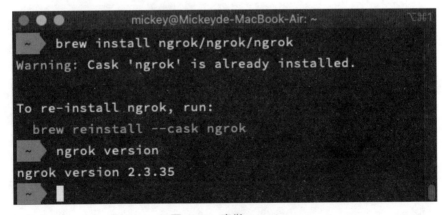

圖 1-25 安裝 ngrok

其他作業系統安裝方式可參考：https://ngrok.com/download。

Note

2 訊息交換平台
Microsoft Teams / LINE

>> 了解 Webhooks 與 API 差異並如何運作？

>> 學習如何在 Microsoft Teams 中開發聊天機器人

>> 學習使用 LINE Messaging API 開發聊天機器人

2.1　聊天機器人

每個人的手機或者個人 PC 幾乎都會使用 Facebook Messenger、Instagram、LINE、Slack、Skype、Microsoft Teams 等訊息交換平台，這些平台除了讓我們更輕鬆地與多人進行文字、影音、檔案的交流，平台內也提供更多的交談服務如智能客服、氣象、商店、網路銀行、支付、訂餐、叫車、訂票訂房、政府單位服務等，相較於 **GUI**（Graphical User Interface）圖形化交互介面的 Web，**CUI**（Conversational User Interface）對話式介面的 Chatbot，使用者只需輸入幾行字甚至使用語音就能滿足日常所需的服務。自 2016 年擁有大量用戶的各大廠如 Facebook 推出自家的 Bot Platform，LINE 也推出 LINE Business Center 與開放 API，微軟在 2017 推出 Microsoft Teams 並加入 Office 365 的聊天式工作區，這些平台提供開發者也能用更快速、自由、直覺的方式開發各式 Chatbot，本書將會以 Microsoft Teams 與 LINE 為主要載體來帶大家開發聊天機器人。

要在 Microsoft Teams 與 LINE 開發聊天機器人，皆會用到 Webhooks 的技術，Webhooks 與 API 非常相似，都有助於在兩個應用程式之間同步和交換數據。但是兩者的使用方法、用途與適合的應用場景不同。為了消除兩者之間的混淆，讓我們先來探討 Webhooks 和 API 的區別，以及它們適合用在哪種場景。

2.1.1　API vs Webhooks

API（Application Programming Interface），**Interface** 代表網路服務間溝通的介面，開發人員不需要知道 API 是如何實作的，只需要使用介面，根據服務定義的規格提供對應的資料便能與服務進行通信使用其功能和數據。舉例：常見的 Google Map API，您不需要了解複雜的定位演算法，只需輸入您的位置、商家名稱便能透過 Google Map API 取得附近商家資訊。

API 位於應用程式和 Web Services 之間，充當處理系統之間數據傳輸的中間層。常見的溝通方式為 Client-server model 如圖 2-1，[Client 端] 對 [Server 端] 發出請求 Request，[Serve 端] 接收請求進行處理完成後回應 Response 給 [Client 端] 完成一次 API 請求。這會導致一個問題，[Server 端] 資料如果還沒準備好，[Client 端] 則必須不停發請求直到取得資料，這種**輪詢（Polling）**的行為將對 Server 造成額外的負擔，這類希望 [Server 端] 可以主動通知 [Client 端] 的場景，比起 API 有更好的解決方式那就是 **Webhooks**！

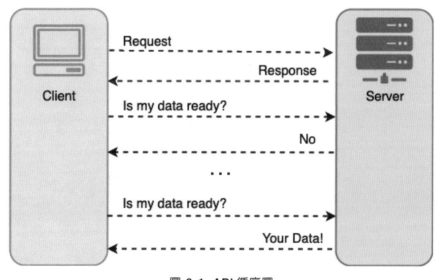

圖 2-1　API 循序圖

2.1.2　What is Webhooks?

Webhooks 是一種 API 的使用方式，也可以說是一種由事件驅動的 API。API 是透過 [Client 端] 主動發出請求後 [Server 端] 才進行對應動作回應訊息，如圖 2-2 與 API 不同的是 Webhooks 是在 [Client 端] 與 [Service 端] 有資料變動時可互相即時通知交換訊息，舉例：今天店家要確認客戶是否已經

匯款，店家不斷發 API 請求查詢交易紀錄，更好的方式使用網銀綁定 LINE
透過 Webhooks 當客戶匯款時，網銀便能主動通知店家新的交易資訊供店家
確認。

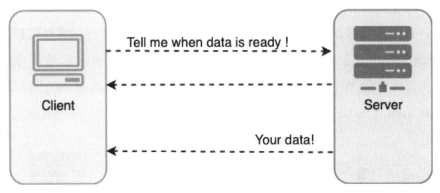

圖 2-2　Webhooks 循序圖

2.2　**Microsoft Teams**

Microsoft Teams 是微軟推出的協同工作通訊應用程式如圖 2-3。Microsoft Teams 能協助與團隊保持聯繫，隨時隨地開會，適合個人家庭、學校、企業使用，除了訊息交換也整合視訊會議、檔案儲存、共同工作、Office 365 等功能，除上述功能外，Microsoft Teams 是一個可以建立自訂應用程式的可擴充平台，根據需求，開發人員可以擴充 Microsoft Teams 功能，本章節將帶讀者在 Microsoft Teams 中透過 Webhooks 從外部傳送通知給頻道及建立聊天機器人。

圖 2-3　Microsoft Teams

Microsoft Teams 下載網址：
https://www.microsoft.com/zh-tw/microsoft-teams/download-app

2.2.1　使用 Webhooks 將 Web Service 連接至 Microsoft Teams

在 Microsoft Teams 頻道內建置聊天機器人使用 Webhooks 是非常簡單的方式，能將外部 Web Service 連接到 Microsoft Teams 以處理訊息。Microsoft Teams 的 Webhooks 分為 2 種：

1. Outgoing Webhook

可讓使用者從頻道將文字訊息傳送至外部的 Web Service。

2. Incoming Webhook

可讓使用者訂閱並接收外部 Web Service 的通知與訊息。

在此章節中,讀者將了解 **Outgoing Webhook** 和 **Incoming Webhook**,以及如何在 Microsoft Teams 頻道中加以實作。

實作前請先確認下列事前準備事項!

> 事前準備:
>
> 1. 安裝 Microsoft Teams 桌面版 or 登入 Teams 線上版
> 2. 擁有 Office 365 租用帳號
> 3. 讀者若無租用 Office 365 可參考 Chapter 1.3 開發環境建置: 申請 Microsoft 365 開發人員計劃
> 4. 安裝 Node.js 和 TypeScript 環境,可參考 Chapter 1.3 開發環境建置

2.2.2 Outgoing Webhook

Outgoing Webhook 可讓使用者從頻道將訊息傳送至外部的 Web Service 使用者必須用 **@mention**(標記)的方式指定使用某個 Outgoing Webhook,使 Microsoft Teams 將訊息傳送至 Web Service。Web Service 有 5 秒的時間可進行消息回應,可回應的訊息包含文字訊息、卡片訊息(Cards)、圖像訊息。

建立 Outgoing Webhook

STEP 1：開起並登入 Microsoft Teams 從左側窗格中選擇 **Teams**。點選 **Create team** 建立團隊。

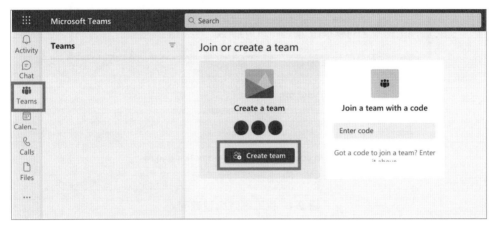

圖 2-4　建立團隊畫面

STEP 2：選取欲建立的團隊模板，選 **From scratch** 建立基本團隊即可。

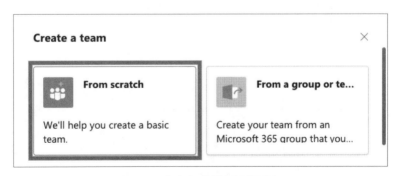

圖 2-5　建立團隊模板選擇畫面

STEP 3：選取團隊類型，選擇 **Private** 即可。

圖 2-6　選取團隊類型畫面

STEP 4：輸入 **Team name** 團隊名稱與 Description（選填）點選 **Create**。

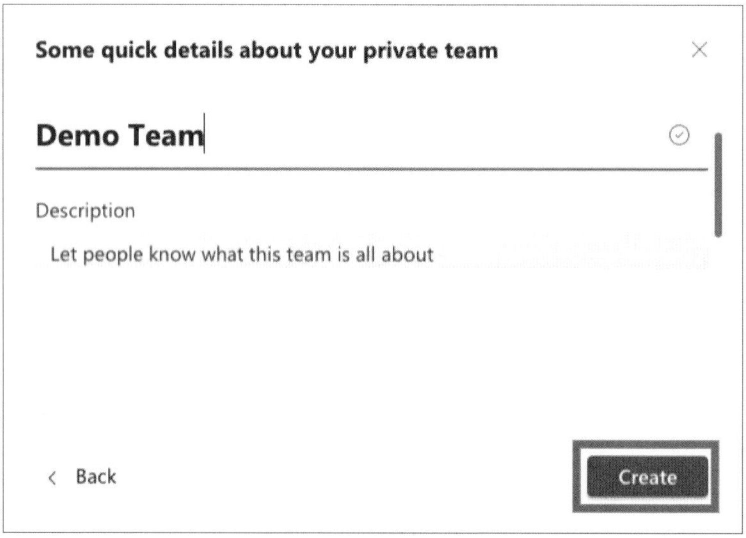

圖 2-7　命名團隊畫面

STEP 5：在 Teams 選項中建立的團隊會出現在表單中，選擇該團隊點選⋯
開啟下拉選單，選擇 **Manage team** 管理團隊。

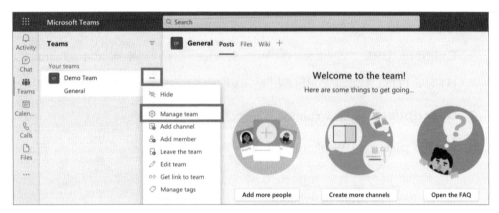

圖 2-8　選擇管理團隊畫面

STEP 6：選擇導覽列上 **Apps** 應用選項，點選 **Create an outgoing webhook**。

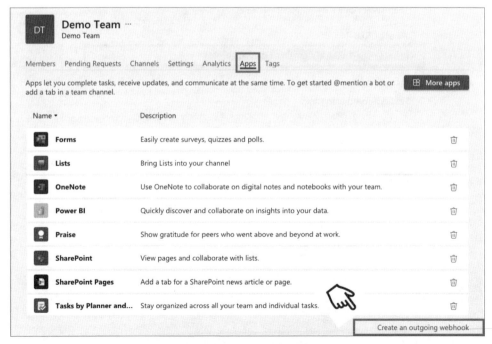

圖 2-9　團隊建立外部應用畫面

Create an outgoing webhook 選項在視窗右下角仔細看才能找到歐！

STEP 7：Create an outgoing webhook 畫面，填寫 Webhook 資訊欄位包含：

1. **Name 名稱**：Webhook 標題，使用者@ mention（標記）時的名稱

2. **Callback URL**：Webhook 的 Web Service 端點，處理來自 Teams 的 HTTPS POST 請求接收 JSON Payload

3. **Description**：描述 Webhook 功能的敘述文字

4. **Profile picture**：Webhook 的應用程式圖樣（選填）

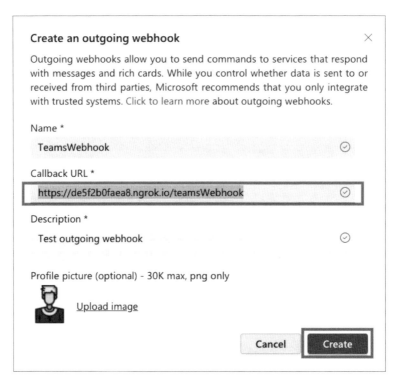

圖 2-10 建立 Outgoing Webhook 畫面

備註：Callback URL 為 Outgoing Webhook 接收 Teams 使用者的傳出訊息的 HTTPS 端點。本章後續將會帶讀者用 TypeScript 開發此端點處理 Webhook 傳出的 JSON Payload，設定時可先填入符合規定的 https:/xxx/xxx 格式端點資訊，後續步驟開發完成後可再編輯設定 Callback URL。

STEP 8：複製 **Security token** 後點選 **Close** 完成設定 Outgoing Webhook。

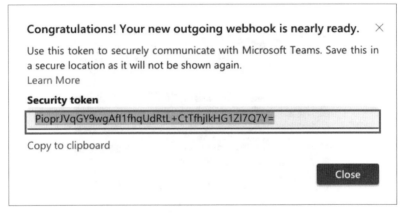

圖 2-11 設定 Outgoing Webhook 畫面

提醒：建立 Outgoing Webhook 之後，畫面會顯示 Security token 權杖。Security token 只會顯示一次，請先複製保存好權杖。後續開發 Webhook 會用於驗證 Teams 與外部服務（Callback URL）之間的呼叫。

開發 Outgoing Webhook

STEP 1：建立 Node.js 專案並新增下列 **TeamsWebhook** 專案程式碼：

在本機建一個 Web Service 做為處理 Teams 團隊訊息的 Webhook 使用 Node.js Express 模組是非常方便的，要使用 Express 只需在終端機該專案路徑輸入 $ npm install --save express 指令安裝，同時為了驗證 Web Service 接收到的請求是否來自我們建立的團隊下列範例程式會使用 Node.js Crypto 模組來進行驗證，輸入 $ npm install --save crypto 指令安裝完成後，程式碼 1、2 行即可將 Express 與 Crypto 模組引入專案。

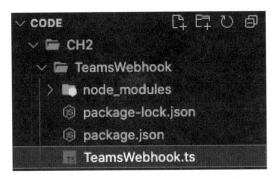

圖 2-12 建立 TeamsWebhook 專案

```
1.  import express from 'express'
2.  import crypto from 'crypto'
3.  import bodyParser from 'body-parser'
4.
5.  // 填入 Step8 Teams 提供的 Security token
6.  // ex: "PioprJVqGY9wgAfI1fhqUdRtL+CtTfhjIkHG1Zl7Q7Y="
7.  const sharedSecret = "<Security token generated by Microsoft
    Teams>";
8.  const bufSecret = Buffer.from(sharedSecret, "base64");
9.  // Initialize express and define a port
10. const app = express()
```

```
11. const PORT = 8080
12. app.use(bodyParser.json())
13.
14. app.post('/teamsWebhook', (req, res) => {
15.
16.     const auth = req.headers['authorization'];
17.     const msgBuf = Buffer.from(JSON.stringify(req.body), 'utf8');
18.
19.     // Calculate HMAC on the message we've received using the
    shared secret
20.     const msgHash = "HMAC " + crypto.createHmac('sha256',
    bufSecret)
21.         .update(msgBuf).digest("base64");
22.
23.     // 判斷事件來源是否為我們建立的 Teams 團隊
24.     if (auth == msgHash) {
25.         const textMessage = {
26.             "type": "message",
27.             "text": `您輸入的訊息是 ${req.body.text}`
28.         }
29.         res.status(200).send(textMessage)
30.     } else {
31.         const errorMessage = {
32.             "type": "message",
33.             "text": "Error: message sender cannot be
    authenticated."
34.         }
35.         res.status(400).send(errorMessage);
36.     }
37. })
38. app.listen(PORT, () => {
39.     console.log(`Server running on port ${PORT}`);
40. })
```

為確保 Webhook 服務僅接收來自 Teams 團隊的呼叫，Teams 在 HTTPS 請求的 Header 中的 authorization 欄位中提供了一個 HMAC Code。每次請求都需驗證程式碼 16 行提取的 HMAC Code。驗證的方式在程式碼 20 行將請求的 body 內容做 SHA256 HMAC 加密，步驟需將 body 內容轉為 UTF8 編碼的陣列，根據程式碼第 7 行 Teams 提供的 Security token 將陣列計算雜湊值，最後再將雜湊計算結果進行 Base64 編碼。程式碼 24 行將生成的雜湊的字串值與 HTTPS 請求中提供 HMAC Code 值進行比對，如果相等即驗證 HMAC 成功，Webhook 將回應 Teams 團隊相對應的訊息。

STEP 2：終端機執行 $ `ts-node TeamsWebhook.ts`。

圖 2-13 執行 TeamsWebhook.ts

執行成功後 TeamsWebhook.ts 程式將 Web Service 啟動在本機 localhost 的 8080 port 上。

STEP 3：終端機執行 $ `ngrok http 8080`。

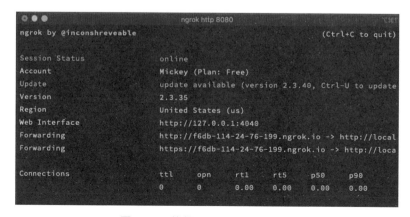

圖 2-14 執行 ngrok http 8080

為了讓 Teams 能連線到 **STEP 2** 啟動的 Web Service 其 Webhook 端點：
http://localhost:8080/teamsWebhook，在終端機輸入 $ `ngrok http 8080`
將 localhost:8080 代理到 ngrok proxy server，如圖 2-14 我們會得到一串
HTTP 與 HTTPS 端點。此時 Teams 便可透過此 HTTPS 端點：https://f6db-
114-24-76-199.ngrok.io/teamsWebhook 來呼叫 Webhook，重新將此端點設
定至**建立 Outgoing Webhook STEP 7** 的 Callback URL 欄位並點擊 Save
如圖 2-15 所示。

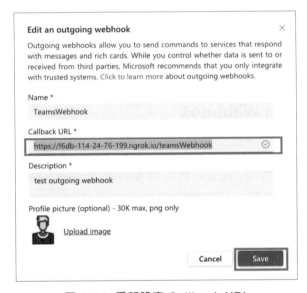

圖 2-15　重新設定 Callback URL

STEP 4：使用 @ 標記 Outgoing Webhook。

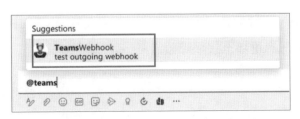

圖 2-16　@ 標記 Outgoing Webhook

| 用戶需要 @ 標記 Outgoing Webhook 的名稱才能在 Teams 團隊中呼叫它。

標記 Outgoing Webhook 後可輸入訊息測試 **TeamsWebhook.ts** 程式處理
來自 Teams 團隊訊息並回應如圖 2-17 所示。

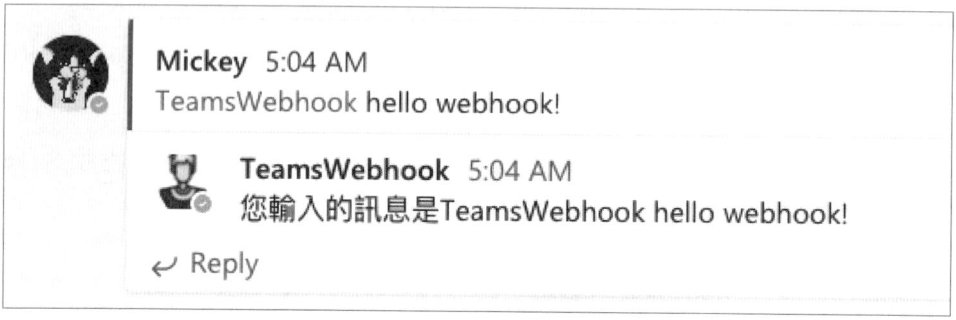

Mickey 5:04 AM
TeamsWebhook hello webhook!

TeamsWebhook 5:04 AM
您輸入的訊息是TeamsWebhook hello webhook!
↵ Reply

圖 2-17 TeamsWebhook 回應訊息

2.2.3 Incoming Webhook

2.2.2 介紹的 Outgoing Webhook，是向 Microsoft Teams 中的團隊註冊的
Web Service，會在被 @mention 標記時接收來自團隊的訊息。而 Microsoft
Teams 支 援 另 一 種 Webhook 是 Incoming Webhook。Incoming Webhook 是
一個 Web Service 或應用程式，可主動將訊息傳送至團隊頻道中，而無須由
Microsoft Teams 觸發。Incoming Webhook 是 Microsoft Teams 中特殊類型的
連接器，可讓外部應用程式輕易地在頻道中共用內容。此類型的連接器常用
於追蹤和通知訊息。當用戶註冊 Incoming Webhook 時，Microsoft Teams 會
提供一個端點，讓自訂的 Web Service 傳送 JSON Payload 以及用戶想要傳
送至頻道的訊息。這些訊息可以是文字訊息，或是包含影像或卡片的豐富訊
息，在本小節中，將帶讀者了解如何在 Microsoft Teams 頻道中註冊 Incoming
Webhook，並將訊息推播至該團隊頻道。

建立 Incoming Webhook

STEP 1： 將 Incoming Webhook 添 加 到 Teams 頻 道， 進 入 要 註 冊 Incoming Webhook 的頻道中，點選右上角…更多選項，開啟下拉選單點選 **Connectors**。

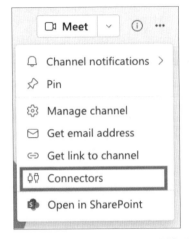

圖 2-18 點選 Connectors 連結器

STEP 2： 搜尋 Incoming Webhook。**選擇 Configure**。

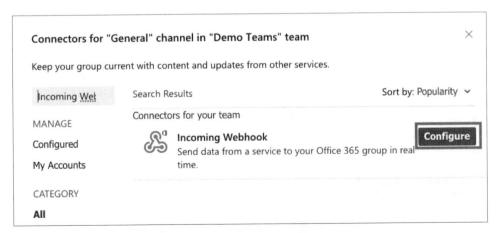

圖 2-19 Configure Incoming Webhook

STEP 3：填入 Webhook 名稱並上傳圖像後點選 **Create**。

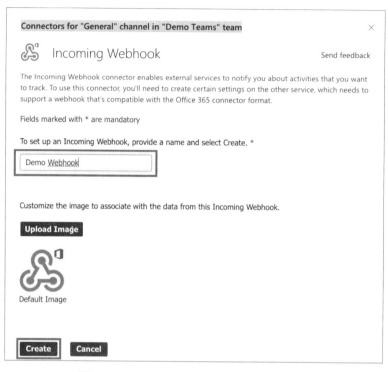

圖 2-20　Configure Incoming Webhook

STEP 4：視窗會顯示一個唯一 URL。複製並保存 Webhook URL 端點。

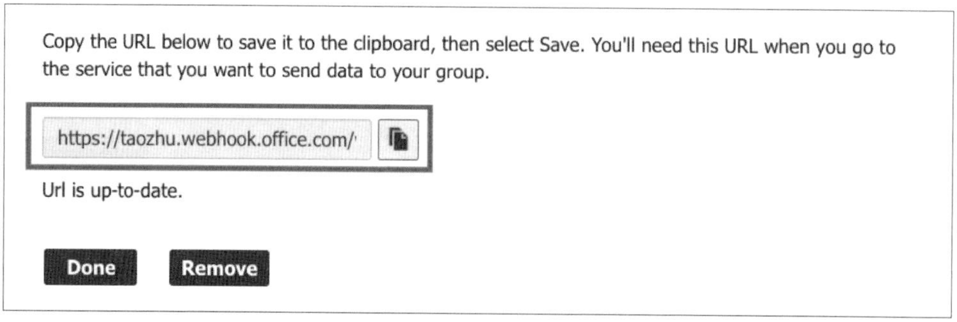

Copy the URL below to save it to the clipboard, then select Save. You'll need this URL when you go to the service that you want to send data to your group.

https://taozhu.webhook.office.com/

Url is up-to-date.

Done　Remove

圖 2-21　複製 Incoming Webhook 端點

測試 Incoming Webhook

設置 Incoming Webhook 完成後，接下來向該 Webhook 端點發送預通知團隊頻道的訊息，測試方式如圖 2-22 所示，使用 Postman 工具向 Webhook 發送 HTTPS 請求：

1. 建立一個新的請求頁面，並設置為 Post 方法。

2. 將請求端點設置為圖 2-21 複製的 Incoming Webhook 端點。

3. Headers 設置 Content-Type 屬性為 application/json。

圖 2-22　複製 Incoming Webhook 端點

測試通知頻道文字訊息，只需將下列文字訊息 JSON 填入 Postman 工具的 Body 中，並選擇 row 選項如圖 2-23 所示，點選 Send 將文字訊息送出到 Microsoft Teams。

```
1. {
2.     "type": "message",
3.     "text": "會議將在 5 分鐘後開始！！"
4. }
```

圖 2-23 發送文字訊息至 Teams

送出成功後，將畫面回到連結 Incoming Webhook 團隊頻道會看到一條您送出的文字訊息如圖 2-24 所示。

圖 2-24 頻道接收文字訊息

除了文字訊息，Teams 也支援發送卡片訊息，將下列卡片訊息 JSON 資料填入 Postman 工具 Body 中點選 Send 發送如圖 2-25 所示。

```
1. {
2.     "@type": "MessageCard",
3.     "@context": "http://schema.org/extensions",
4.     "summary": " 本日會議通知 ",
5.     "sections": [
6.         {
7.             "activityTitle": " 本日會議通知 ",
8.             "activityImage": "",
9.             "facts": [
```

```
10.                      {
11.                          "name": " 主旨 ",
12.                          "value": " 專案進度會議 "
13.                      },
14.                      {
15.                          "name": " 時間 ",
16.                          "value": "2021/12/12 AM 09:00"
17.                      },
18.                      {
19.                          "name": " 參與人數 ",
20.                          "value": "5"
21.                      }
22.                  ]
23.              }
24.      ]
25. }
```

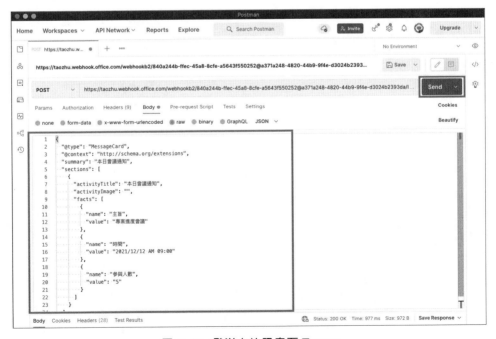

圖 2-25 發送卡片訊息至 Teams

送出成功後，將畫面回到連結 Incoming Webhook 團隊頻道會看到一條您送出的卡片訊息如圖 2-26 所示。

圖 2-26　頻道接收卡片訊息

現在我們已經學會如何在 Microsoft Teams 中建立 Outgoing Webhook 與 Incoming Webhook，接下來將帶讀者使用 LINE Messaging API 在 LINE 開發者平台中開發聊天機器人。

2.3　LINE

　　LINE APP 幾乎是每個人日常最常使用的通訊軟體，除了交換訊息，LINE 同時支援影音、新聞、商店、支付轉帳等功能，且自從 LINE 於 2016 年 9 月 推出 LINE Messaging API 之後，各式各樣的 LINE 聊天機器人相繼推出，如 訂餐、網銀、電商購物，已經和我們的生活習習相關，您可以想像當要訂餐 A 餐廳必須先下載 A 餐廳的 APP 隨後開始進行註冊身份驗證等流程，才可以 進行訂餐，如果要訂餐 B 餐廳，又要重複一遍安裝 APP、註冊、驗證流程， 如今這繁瑣的流程已不常見，因為商家只需在 LINE 註冊一個官方帳號綁定 自訂的聊天機器人，LINE 用戶就可以直接關注官方帳號並進行操作，本節 將帶讀者使用 LINE Messaging API，處理 Webhook 事件並回應訊息，建立 LINE 聊天機器人。

2.3.1　LINE Messaging API 操作流程

　　要使用 LINE Messaging API 開發聊天機器人，首先必須在 LINE Platform 上建立官方帳號，並在官方帳號後台設定 Channel 綁定自訂 Bot Server，Bot Server 就是聊天機器人程式核心，也是一個自訂的後端程式用來接收處理用 戶從官方帳號發送的訊息，而 LINE Platform 就是轉換官方帳號與 Bot Server 傳遞資料資料的中介層，LINE Messaging API 讓資料可於 Bot Server 及 LINE Platform 之間以 JSON 格式透過 HTTPS 傳遞，其關係如圖 2-27 所示：

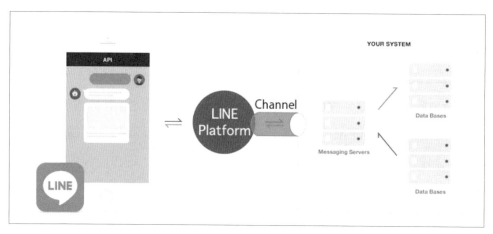

圖 2-27　LINE Platform 運作流程

當用戶從官方帳號進行綁定加入好友，或傳遞一條訊息，您自訂的 Bot Server 將會從 LINE Platform 接收到一個 Webhook Event，詳細流程如下：

1. 用戶對 LINE 官方帳號傳遞訊息。

2. LINE Platform 將訊息轉成 Webhook Event 透過 Webhook URL 傳送至 Bot Server。

3. Bot Server 依據 Webhook Event，透過 LINE Platform 回應用戶訊息。

Line Messaging API 支援多種 Webhook Event 與可回應用戶的 Message Type 訊息類型，接下來將帶讀者了解 Messaging API 中是如何用 JSON 格式來傳遞官方帳號觸發的 Webhook Event 與回應訊息的 Message Type。

2.3.2　Webhook Event

Webhook Event 在許多狀況下會被觸發，例如當用戶添加您的 LINE 官方帳號為好友或發送訊息時，LINE Platform 會在 HTTPS POST 請求的 Body 中夾帶 Webhook Event 的 JSON 資料發送至 Bot Server，LINE Platform 可產生許多事件下列是一些常用的 Webhook Event 如：

1. **Message Event**：用戶輸入訊息事件，包含文字、圖片、影片、聲音、檔案、位置、貼圖都可以觸發。

2. **Follow Event**：用戶將您的官方帳號加為好友或解除封鎖時觸發。

3. **Unfollow Event**：用戶封鎖您的官方帳號時觸發。

4. **Join Event**：用戶將官方帳號加入群組或聊天室時觸發。

5. **Leave Event**：用戶將官方帳號移除群組或聊天室時觸發。

Webhook Event 不只上述幾種，其他事件可參考官方文件：
https://developers.line.biz/en/reference/messaging-api/#webhook-event-objects

　　下列 JSON 格式資料為一個文字 Message Event 範例，第 6 行 type 欄位，值為 "message" 代表該 Webhook Event 的類型為 Message Event。第 9 行 source 的 type 欄位表示該訊息來源是來自用戶（user）、群組（group）或聊天室（room），其 userId 欄位表示傳訊者的 ID。第 13 行 message 的 type 欄位表示用戶輸入訊息的類型是文字（Text），其 text 欄位則是用戶輸入的實際內文。

```
1. {
2.     "destination": "xxxxxxxxxx",
3.     "events": [
4.         {
5.             "replyToken": "aHuyMiB9yP4yZ51F7kcQcbRuGKxCT3",
6.             "type": "message",
7.             "mode": "active",
8.             "timestamp": 1472628476879,
9.             "source": {
10.                 "type": "user",
11.                 "userId": "U4af4817038..."
12.             },
13.             "message": {
```

```
14.              "id": "721332",
15.              "type": "text",
16.              "text": "example Hello, world!"
17.         }
18.       }
19.    ]
20. }
```

不同 Webhook Event 的資料會有些許不同，如下列 JSON 格式資料為一個座標 Message Event 範例：

```
1. {
2.     "destination": "xxxxxxxxxx",
3.     "events": [
4.         {
5.             "replyToken": "nHuyWiB7yP5Zw52FIkcQobQuGDXCTA",
6.             "type": "message",
7.             "mode": "active",
8.             "timestamp": 1462629479859,
9.             "source": {
10.                "type": "user",
11.                "userId": "U4af4980629..."
12.            },
13.            "message": {
14.                "id": "325708",
15.                "type": "location",
16.                "title": "my location",
17.                "address": "Taiwan, 10041 台北市中正區忠孝西路 1 段 49 號 ",
18.                "latitude": 25.047245,
19.                "longitude": 121.517262
20.            }
21.        }
```

```
22.    ]
23.}
```

用戶輸入的是坐標訊息雖然也屬於 Message Event，但除了第 13 行的
message 其 type 欄位值變為 "location"，text 欄位則是被地址（address）、
經緯度（latitude,longitude）等欄位取代。也就是說當 LINE Platform 將
Webhook Event 轉成 JSON 格式資料傳到 Bot Server 時，Bot Server 的開發者
就可以根據資料內容處理聊天機器人的業務並回應訊息，接下來將帶讀者認
識 LINE Platform 可回應哪些 Message Type 訊息類別。

2.3.3 Message Type

Messaging API 可發送許多的 Message Type 訊息格式，下列是常用的
Message Type 及其對應的 JSON 資料格式：

1. **Text message**：回應文字訊息，且訊息可使用 $ 來包含表情符號。

```
1. {
2.     "type": "text",
3.     "text": "LINE emoji $",
4.     "emojis": [
5.         {
6.             "index": 0,
7.             "productId": "5ac1bfd5040ab15980c9b435",
8.             "emojiId": "001"
9.         }
10.    ]
11.}
```

2. **Sticker message**：貼圖訊息，Line 貼圖在官方 stickers list 有對應的 package ID 與 sticker ID。

```
1. {
2.     "type": "sticker",
3.     "packageId": "446",
4.     "stickerId": "1988"
5. }
```

3. **Image message**：發送圖片訊息。

```
1. {
2.     "type": "image",
3.     "originalContentUrl": "https://example.com/original.jpg",
4.     "previewImageUrl": "https://example.com/preview.jpg"
5. }
```

4. **Video message**：發送影片訊息。

```
1. {
2.     "type": "video",
3.     "originalContentUrl": "https://example.com/original.mp4",
4.     "previewImageUrl": "https://example.com/preview.jpg",
5.     "trackingId": "track-id"
6. }
```

5. **Audio message**：發送聲音留言訊息。

```
1. {
2.     "type": "audio",
3.     "originalContentUrl": "https://example.com/original.m4a",
4.     "duration": 60000
5. }
```

6. **Location message**：發送位置座標訊息。

```
1.  {
2.      "type": "location",
3.      "title": "my location",
4.      "address": "1-6-1 Yotsuya, Shinjuku-ku, Tokyo, 160-0004, Japan",
5.      "latitude": 35.687574,
6.      "longitude": 139.72922
7.  }
```

7. **Imagemap message**：圖片映像訊息包含多個可點擊的圖片區塊，點擊可回應文字或者轉導網頁。

8. **Template message**：模板訊息有特定的版面佈局，用戶可以透過點擊模板訊息上按鈕來操作，模板訊息有按鈕（Buttons template）、確認（Confirm template）、輪播（Carousel template）、圖像輪播（Buttons template）幾種如圖 2-28 所示。

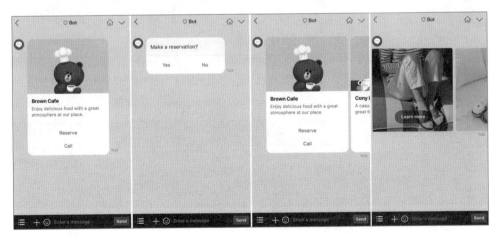

圖 2-28 Template Message

9. **Flex message**：Flex 訊息是可使用 CSS Flexbox 定義畫面的版面訊息。

更詳細的 Imagemap、Template、Flex message 可參考官方文件說明：
https://developers.line.biz/en/reference/messaging-api/#message-objects

2.3.4 Sending Messages

Messaging API 主要透過 2 種方式來回應訊息：

1. **Push messages**

   推播訊息（push message）用在聊天機器人主動推播給用戶。

2. **Reply messages**

   回覆訊息（reply message）用在聊天機器人回覆用戶輸入的訊息。

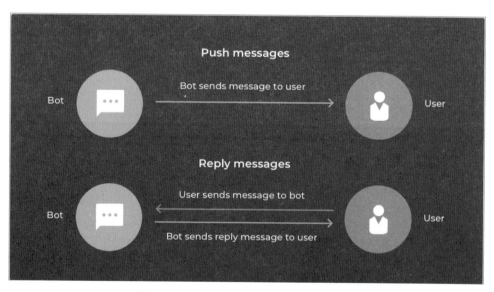

圖 2-29 Messaging API 傳送訊息方式

2.3.5　建立 LINE 聊天機器人

　　在 2.3.1~2.3.4 小節我們已經了解 LINE Messaging API 的概念與操作方式，本小節將帶讀者使用 Messaging API 來開發 LINE 聊天機器人，開始前我們必須先建立聊天機器人 Channel 頻道。

LINE Developers Console 建立聊天機器人 Channel

　　首先開啟瀏覽器至 LINE Developers 頁面如圖 2-30 所示建立 Channel，Channel 是一個 LINE Platform 與 Bot Server 溝通路徑，讓用戶可於官方帳號中使用我們開發的聊天機器人提供的功能。

圖 2-30　LINE Developer

| LINE Developer 網址：https://developers.line.biz/en/?status=success

STEP 1：使用您的 LINE 帳號登入 LINE Developers Console。

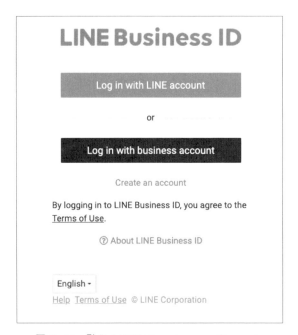

圖 2-31　登入 LINE Developers Console

首次登入 LINE Developers Console 時，會需要輸入您的姓名和 Email，以開發者的身份註冊開發人員帳號。

STEP 2：建立 Provider。

登入 LINE Developers Console 後，這時我們需要建立一個 Provider，才可建立 Channel，點選 Create 後建立 Provider 如圖 2-32 所示，此時畫面會請您輸入 Provider name 如圖 2-33 所示，Provider 意思是提供服務的個人或公司組織，輸入 Provider name 後點選 Create 即建立完成。

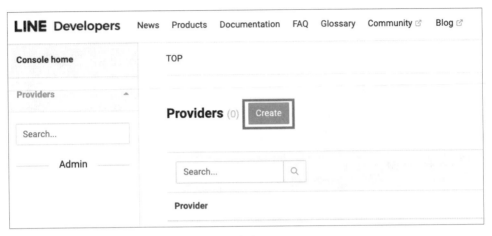

圖 2-32　建立 Provider

Create a new provider

Provider name ⑦ 　　MyBotAPP

✓ Don't leave this empty

✓ Don't use special characters (4-byte Unicode)

✓ Enter no more than 100 characters

A provider is an individual developer, company, or organization that provides services. For more details, see the documentation ⌐ .

Cancel　　　　　　　　　Create

圖 2-33　輸入 Provider name

STEP 3：建立 Channel。

建立 Provider 後，可看到畫面轉導到您剛剛建立的 Provider，點擊畫面上 **Create a Messaging API channel** 按鈕開始建立 Channel 如圖 2-34 所示。此時畫面會請您設定 Channel 資訊如圖 2-35 所示，輸入 Channel 所需的資訊後，勾選同意事項點擊 Create 並確認建立，成功後將看到 Channel 的設定畫面如圖 2-36 所示。

圖 2-34　Create a Messaging API channel

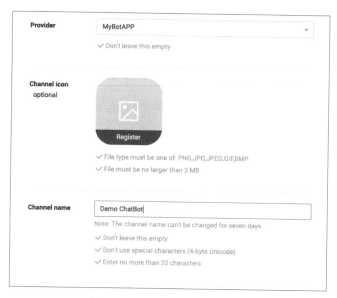

圖 2-35 輸入 Channel 資訊

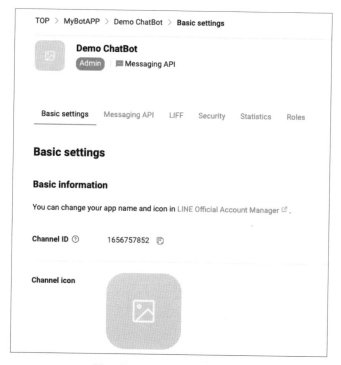

圖 2-36 Channel 設定畫面

設定 Channel Messaging API 回應狀態

Channel 預設設定會自動回覆加入好友的歡迎訊息，為了避免在開發 LINE Bot 時使用 LINE Messaging API 與預設訊息衝突，我們先切換到 Channel 的 Messaging API **頁籤中，將自動回應訊息（Auto-reply messages）和加入好友的歡迎訊息（Greeting messages）**的設定為停用（Disabled）狀態如圖 2-37 所示。

圖 2-37　設定 Channel

點選 **Edit** 修改狀態時畫面將會轉導至 **LINE Official Account Manager** 如圖 2-38 所示，將基本設定 - 加入好友的歡迎訊息與進階設定 - 自動回應訊息設為停用。

圖 2-38　設定自動回應訊息、加入好友的歡迎訊息

取得 Channel Access Token

Channel 每次使用 LINE Messaging API 進行 API 請求時，都需要在 Header 攜帶 Channel access token 進行發送，將畫面切換到 Channel 的 Messaging API 頁籤中，點選畫面最下方 Channel access token 選項建立 Token，建立完成後如圖 2-39 所示。

圖 2-39　建立 Channel access token

現在 Channel 的前置設定完成了，LINE 聊天機器人還需要一個 Webhook URL 以接收來自 LINE Platform 的 Webhook Event 處理資料，接下來將開始帶讀者在本機端建立 LINE Bot 的 Webhook。

開發 Bot Server（Webhook URL）

STEP 1：建立 Node.js 專案並新增下列 LineWebhook 專案程式碼：

首先建立一個 Node.js 專案如圖 2-40 所示並新增 LineWebhook.ts 程式。

圖 2-40　建立 LineWebhook 專案

　　開始在本機建立一個 Bot Server 處理來自 LINE Platform 的 Webhook Event，首先開啟終端機該專案路徑輸入 $ npm install --save express 指令安裝 Express 模組，再輸入 $ npm install @line/bot-sdk --save 指令安裝 Node.js 的 LINE Messaging API SDK，安裝完成後現在我們可以在專案中使用 LINE Messaging API 開發機器人。

```
1. import { Client, middleware, WebhookEvent, Message, TextMessage,
   StickerMessage, LocationMessage, ImageMessage } from '@line/
   bot-sdk';
2. import express, { Request, Response } from 'express';
3.
4. const config = {
5.     channelAccessToken: '<YOUR_CHANNEL_ACCESS_TOKEN>',
6.     channelSecret: '<YOUR_CHANNEL_SECRET>'
7. };
8.
9. const client = new Client(config);
```

```
10.const app = express();
11.
```

程式碼 1、2 行可將 Express 與 @line/bot-sdk 模組引入專案，在程式中我們會用到 Messaging API 提供的 Client 類別，會需要 Channel Access Token 與 Channel Secret 資訊，該參數可在 Channel 設定頁面的 Messaging API 與 Basic setting 頁籤中取得，取得後填入 config 物件中程式碼第 5、6 行對應欄位，並在第 9 行宣告 Client 用戶端。

| Channel Access Token 資訊取得方式可參考上一步驟。

```
12.app.post('/lineWebhook', middleware(config), async (req: Request,
   res: Response) => {
13.    // webhook event objects
14.    const events = req.body.events as Array<WebhookEvent>
15.    for (const event of events) {
16.        await handleWebhookEvent(event);
17.    }
18.    res.status(200).end();
19.})
20.
```

如同 2.2.2 小節介紹 Microsoft Teams 的 Outgoing Webhook，我們開發的 Bot Server 同樣需要驗證請求來源是來自 LINE Platform 發送，LINE Platform 會在請求 Webhook URL 時，在 Headers 中攜帶 x-line-signature，程式碼 12 行的 middleware( ) 方法，可以在 Webhook 每次連接時，對 x-line-signature 進行驗證。

要驗證 x-line-signature 官方 @line/bot-sdk 模組有一個 validateSignature( ) 功能也可以做到，但由於使用 Express 模組開發 Bot Server 需解析 JSON 格式的 Webhook Event，為了方便程式撰寫 middleware 類別已經引入了 body-parser 模組用來解析 JSON 物件，因此我們使用 middleware 方法來建構 Webhook 服務器。

透過 Express 我們開出了 Webhook 端點，並接收 LINE Platform 傳送的
Webhook Event，程式碼 14 行將 Webhook Event 從 HTTPS 的 POST 請求中解
析出，並傳入程式碼 16 行的 handleWebhookEvent( ) 方法進行後續處理。

```
21. const handleWebhookEvent = async (event: WebhookEvent): Promise<any> => {
22.     console.log(event);
23.     if (event.type == "message") {
24.         let responseMessage: Message;
25.
26.         switch (event.message.type) {
27.             case "text":
28.                 responseMessage = toTextMessage(event.message.text);
29.                 await replyMessage(event.replyToken, responseMessage);
30.                 break;
31.             case "sticker":
32.                 const packageId = event.message.packageId;
33.                 const stickerId = event.message.stickerId;
34.                 responseMessage = toStickerMessage(packageId, stickerId);
35.                 await replyMessage(event.replyToken, responseMessage);
36.                 break;
37.             case "image":
38.                 responseMessage = toImageMessage();
39.                 replyMessage(event.replyToken, responseMessage);
40.                 break;
41.             case "location":
42.                 const address = event.message.address;
43.                 const lat = event.message.latitude;
44.                 const long = event.message.longitude;
45.                 responseMessage = toLocationMessage(address, lat, long);
46.                 await replyMessage(event.replyToken, responseMessage);
47.                 break;
48.             default:
49.                 break;
```

```
50.        }
51.    }
52.}
53.
```

該 Bot Server 範例程式的主要邏輯在程式碼 21 行 handleWebhookEvent( )
方法，程式碼 26 行根據用戶輸入訊息的 Webhook Event，我們解析用戶輸入
的資訊後，回應相同對應的 Message Type 給用戶。

```
54. const toTextMessage = (str: string): TextMessage => {
55.    return {
56.        "type": "text",
57.        "text": `您輸入的訊息是：${str}`
58.    }
59. }
60.
61. const toStickerMessage = (packageId: string, stickerId: string): StickerMessage => {
62.    return {
63.        "type": "sticker",
64.        "packageId": packageId,
65.        "stickerId": stickerId
66.    }
67. }
68.
69. const toLocationMessage = (addr: string, lat: number, lon: number):
    LocationMessage => {
70.    return {
71.        "type": "location",
72.        "title": "my location",
73.        "address": address,
74.        "latitude": lat,
75.        "longitude": lon
```

```
76.     }
77. }
78.
79. const toImageMessage = (): ImageMessage => {
80.     return {
81.         "type": "image",
82.         "originalContentUrl": "https://i.imgur.com/XrSELBT.jpg",
83.         "previewImageUrl": "https://i.imgur.com/XrSELBT.jpg"
84.     }
85. }
86.
87. const replyMessage = async (token: string, message: Message):
    Promise<any> => {
88.     return client.replyMessage(token, message);
89. }
90.
91. app.listen(8080, () => {
92.     console.log(`Server running on port 8080`);
93. })
```

　　程式碼 54~85 行，定義了多個轉換 Message Type 資料 JSON 格式的方法，來轉換資料物件使 LINE Platform 回應用戶，最後透過程式碼 87 行 replyMessage( ) 方法，使用 Reply messages 方式回應用戶。

STEP 2：終端機執行 $ `ts-node LineWebhook.ts`。

圖 2-41　執行 LineWebhook.ts

執行成功後 TeamsWebhook.ts 程式將 Bot Server 啟動在本機 localhost 的 8080 port 上。

STEP 3：終端機執行 $ `ngrok http 8080`

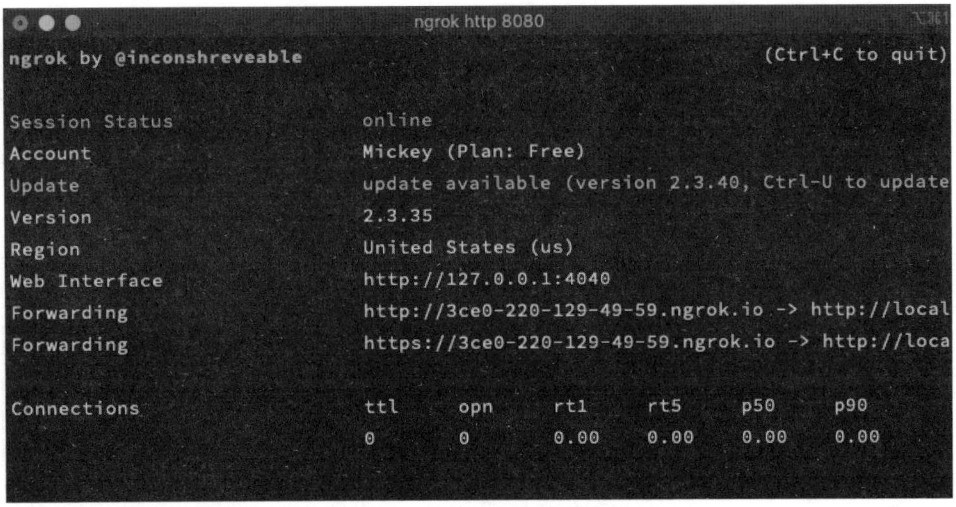

圖 2-42　執行 ngrok http 8080

在終端機輸入 $ `ngrok http 8080` 將 localhost:8080 代理到 ngrok proxy server，現在 Webhook URL 已經成功在我們的本機上啟動，此 Webhook URL 為聊天機器人 Bot Server 的端點。

設置 Webhook URL

回到 LINE Developer 的 Channel 設定頁面，切換到 Messaging API 頁籤來設置 Webhook URL，找到 Webhook settings 選項點選 Webhook URL 欄位的 Edit 按鈕如圖 2-43 所示。

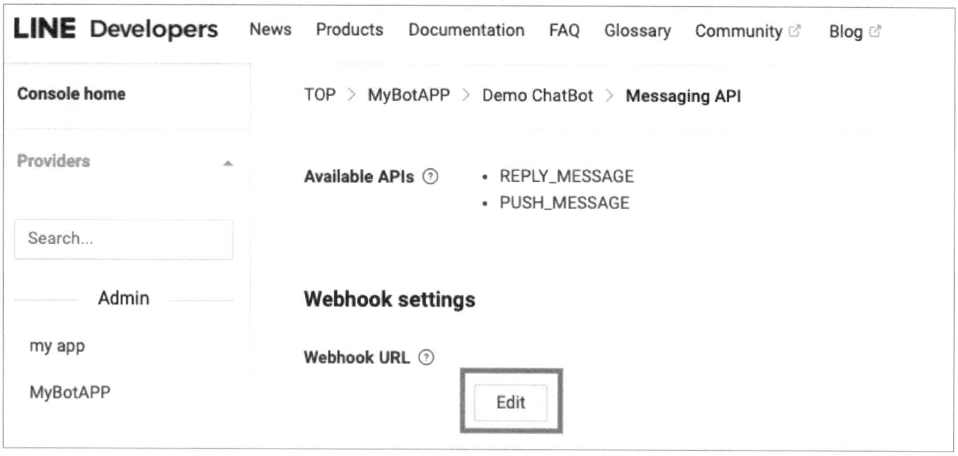

圖 2-43　編輯 Webhook URL

輸入 Webhook URL，接著點選 Update 如圖 2-44 所示：

圖 2-44　輸入 Webhook URL

設定完成後，允許 Use webhook 選項如圖 2-45 所示：

Webhook settings

Webhook URL ⑦　　https://3ce0-220-129-49-59.ngrok.io/lineWebhook

[Verify]　[Edit]

Use webhook ⑦　◯

圖 2-45　允許 Use webhook

將 LINE 官方帳號加為好友並測試

Webhook URL 設定完成後現在我們可以開始來測試 LINE Bot 前往 LINE
Developers Console 頁面，手機掃描 Messaging API 頁籤中的 QR code 如圖
2-46 所示，並將 Channel 中的聊天機器人 LINE 官方帳號加為好友。

圖 2-46　掃描官方帳號 QR code 加入好友

　　加入好友後，在 LINE Bot 中輸入文字、貼圖、座標、圖片訊息來測試聊天機器人，我們開發的 Bot Server 將會根據用戶輸入的訊息做對應的回應，如圖 2-47 所示 LINE APP 將會收到回覆訊息。

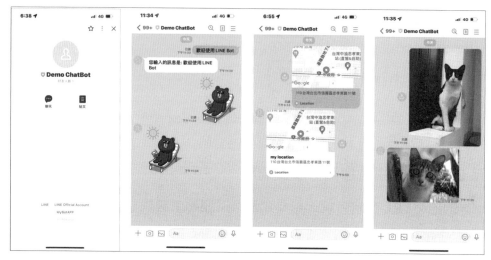

圖 2-47　輸入不同訊息測試聊天機器人

3

無伺服器運算
Azure Functions

>> 了解無伺服器運算觀念

>> 了解 Azure Functions

>> 學習開發、測試、部署 Azure Functions 函式

>> 實作將 Bot Server（Webhook URL）重構至
Azure Functions

3.1 無伺服器運算

　　無伺服器運算在雲端結構中屬於 PaaS 服務，開發人員不用管理基礎設施（IaaS），便能更快速地建置應用程式。雲端服務平台可以自動建置、調整及管理無伺服器應用程式執行程式碼所需的基礎設施資源。無伺服器應用程式的程式碼仍是由伺服器執行。之所以稱為無伺服器（Serverless），是因為對開發者來說，不需進行基礎設施建置、管理有關的工作。無伺服器運算可讓開發人員更專注於開發程式的商業邏輯，並為應用程式核心服務帶來更高的價值。無伺服器運算可協助團隊提高產能、加速產品上線時間，其動態延展的特性亦可讓將基礎設施資源最佳化。

　　無伺服器運算也可視為一種 FaaS（Function as a Service 函式即服務），或部署在雲端平台的微服務。應用程式的商業邏輯會以函式形式執行，且不需要以手動方式建置基礎設施或調整其資源，雲端服務平台會自動管理基礎設施，基礎設施會視應用程式的工作負載需求動態的放大或減少。Azure 提供許多無伺服器運算服務如：Azure Kubernetes Service（AKS）、Azure Functions、Azure App Service 等。本節將會帶讀者學習使用 Azure Functions。

3.2 Azure Functions

Azure Functions 是由事件驅動的無伺服器運算服務如圖 3-1 所示。開發人員只需負責開發應用程式的商務邏輯，Azure Functions 會提供讓應用程式保持執行所需的資源，並根據負載需求動態延展資源，而且只會向您收取所用資源的費用。Azure Functions 還支援多種語言來撰寫函式程式碼，包括 C#、Java、JavaScript、TypeScript、Python、Go 與 PowerShell Core 等。

圖 3-1 Azure Functions 服務

Azure Functions 可用來開發、後端 Web Service、API、響應資料庫變更、處理 IOT 裝置資料串流、處理排程工作、管理 Message Queues（訊息佇列），本章節將會帶讀者使用 Command Line 來建置 Azure Functions 學習如何使用 TypeScript 語言在 Azure Functions 上開發、測試、部署 API，並將聊天機器人的 Bot Server（Webhook URL），重構移植到 Azure Functions。

3.3　Why Azure Functions?

　　還記得在 Chapter2，我們學習如何在 Microsoft Teams、LINE 平台上開發聊天機器人嗎？開發時都使用到了 Webhook 的技術，而 Webhook 是一種由事件驅動的 API，當有 Webhook Event 觸發時，我們需要一個 Bot Server 來處理聊天機器人的業務邏輯，而 Azure Functions 可讓開發者建立由事件驅動的函式，常用來建置 Web API、響應資料庫變更、以及管理訊息佇列等功能，這些特性都非常適合用來開發建置聊天機器人的 Webhook URL，除此之外，在上一章節中，我們的 Bot Server 皆在本地執行，並透過 ngrok 代理端點，試想如果今天聊天機器人要保持運作，那我們本地的 Bot Server 就不能停止運行開發者必須自己管理本地伺服器，透過 Azure Functions，開發者便可以專注開發 Bot Server 程式，開發完成後將程式部署至 Azure Functions，程式將藉由各種不同的 Webhook Event 事件觸發，並依需求自動延展系統資源，因此本節將選用 Azure Functions 帶讀者開發 Bot Server 來處理 Webhook Event。

3.4　Azure Functions- 環境建置

本節將使用 TypeScript 作為開發語言，並帶讀者使用 Command Line 來建置 HTTP 函式，並在本機開發測試函式程式碼之後，將其部署到 Azure Functions 的無伺服器雲端環境。

事前準備：

1. 擁有 Azure 帳號

2. 安裝 Azure CLI 2.3 版或更新版本

3. 安裝 Node.js 14 版以上和 TypeScript 環境

4. 安裝 Azure Functions Core Tools 4.x 版

安裝 Azure Functions Core Tools 可讓您使用命令提示字元或終端機，在電腦上輕鬆開發、測試、偵錯、部署、測試函式，本書將以 macOS 安裝為例使用 Homebrew 安裝 Core Tools，方法為在終端機輸入：

```
$ brew tap azure/functions
```

```
$ brew install azure-functions-core-tools@4
```

如果您原本就有安裝 2.x 或 3.x 版本的 Core Tools，請在終端機輸入：

```
$ brew link --overwrite azure-functions-core-tools@4
```
來切換版本。

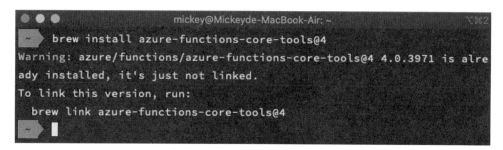

圖 3-2　安裝 Core Tools

Windows 或 Linux 系統安裝 Azure Functions Core Tools 方法可參考：
https://docs.microsoft.com/zh-tw/azure/azure-functions/functions-run-local

　安裝完成後在終端機輸入 $ `func --version` 確認 Azure Functions Core
Tools 版本為 4.x 版如圖 3-3 所示：

圖 3-3　確認 Core Tools 版本

3.5 本機建立 Azure Functions 專案

在 3.4 節我們已經安裝好 Azure Functions Core Tools 與開發環境，現在我們可以使用 Command Line 與 TypeScript 語言來建立 HTTP 請求函式。在 Azure Functions 中，Functions 專案可以包含一個或多個函式。而每個函式分別會回應特定的觸發程序。本節會帶讀者使用指令建立一個簡易函式的 Azure Functions 專案。

3.5.1 使用 CLI 建立本地 Azure Functions 專案

STEP 1：在終端機執行 $ `func init <Project Name> --typescript` 指令。

執行 **$ func init** 指令建立 Functions 專案，此處 <Project Name> 為專案名稱，本範例輸入 MyServer 為專案名稱，**--typescript** 為指定開發語言如下圖 3-4 所示，輸入後路徑上多了一個 <Project Name> 資料夾。

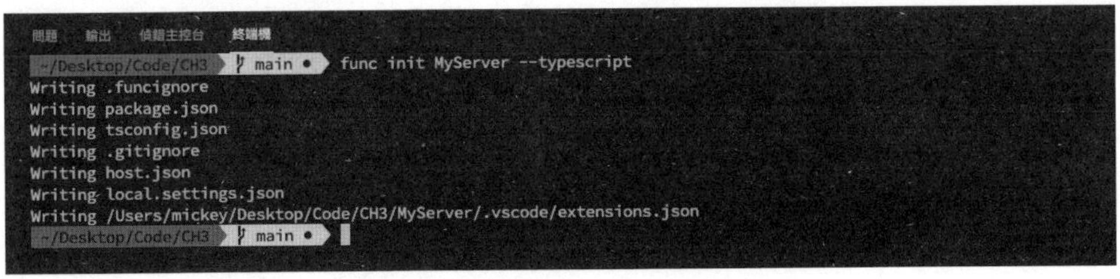

```
問題   輸出   偵錯主控台   終端機
~/Desktop/Code/CH3  ⑂ main ●  func init MyServer --typescript
Writing .funcignore
Writing package.json
Writing tsconfig.json
Writing .gitignore
Writing host.json
Writing local.settings.json
Writing /Users/mickey/Desktop/Code/CH3/MyServer/.vscode/extensions.json
~/Desktop/Code/CH3  ⑂ main ●
```

圖 3-4 建立 Functions 專案

STEP 2：終端機執行 $ `cd <Project Name>` 進入專案資料夾。

STEP 3：進入專案資料夾後在終端機輸入執行：

```
$ func new --name <Function Name> --template "HTTP
trigger"
```
指令，建立 Azure Functions 函式。如圖 3-5 所示：

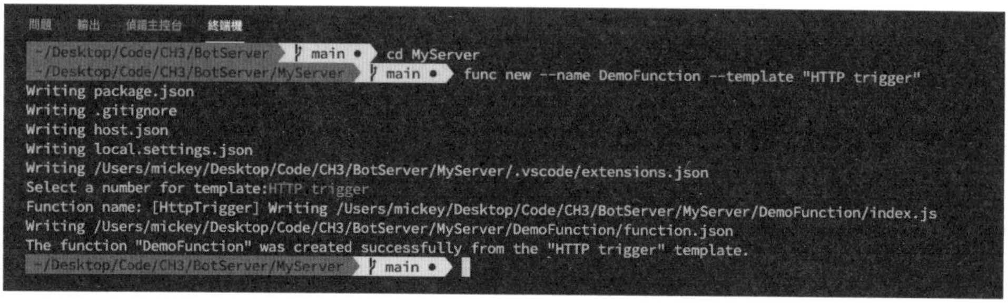

圖 3-5　建立 Functions 函式

執行 **$ func new** 指令，建立函式時，此處 **--name <Function Name>** 為函式名稱本範例輸入 DemoFunction 為函式名稱，**--template** 是指透過 Azure Functions 預設的**函式範本**，幫您先建立好不同功能的函式模板，本範例輸入 HTTP trigger 模板範本，指令將會在該 Azure Functions 專案路徑下建立一個名為 DemoFunction 的 HTTP 函式。除了 **HTTP trigger** 模板，其他常見的 Azure Functions 支援的函式模板 template 如下：

1. **HTTP Trigger**：透過 HTTP 通訊協定觸發函式回應請求。

2. **Timer Trigger**：根據排程時間來觸發執行函式。

3. **RabbitMQ Trigger**：使用 RabbitMQ 觸發函式來回應 RabbitMQ 佇列中的訊息。

4. **Azure Service Bus Trigger**：使用服務匯流排觸發函式來回應來自服務匯流排佇列或主題的訊息。

5. **Azure Cosmos DB Trigger**：使用 Azure Cosmos DB 來觸發函式響應
資料庫中的新資料或資料更新。

STEP 4：終端機執行 $ `npm install` 安裝專案所需 Node.js 模組。

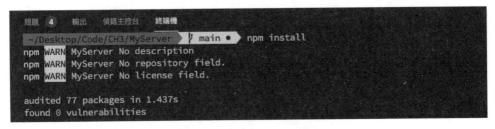

圖 3-6　安裝 Node.js 模組

3.5.2 Azure Functions 專案結構

建立函式完成後我們可以看到專案 <Project Name> 資料夾下多了 <Function
Name> 函式資料夾，此時的 Azure Functions 專案結構如下圖 3-7 所示：

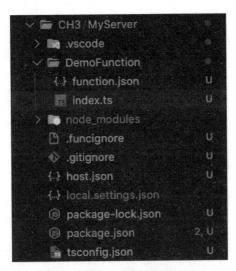

圖 3-7　Functions 專案結構

在專案根目錄中，有共用的 host.json 檔案可用來設定專案下的所有函式。每個函式都有本身程式碼（.ts）和繫結設定檔（function.json），本範例的 functions.json 如下 JSON 程式所示：

```
1.  {
2.      "bindings": [
3.          {
4.              "authLevel": "function",
5.              "type": "httpTrigger",
6.              "direction": "in",
7.              "name": "req",
8.              "methods": [
9.                  "get",
10.                  "post"
11.              ]
12.          },
13.          {
14.              "type": "http",
15.              "direction": "out",
16.              "name": "res"
17.          }
18.      ],
19.      "scriptFile": "../dist/DemoFunction/index.js"
20. }
```

function.json 是用來定義函數之輸入和輸出的設定檔，包括觸發程式類型。專案執行時會根據 function.json 中的設定而觸發的函式，每個繫結設定檔都需要 direction（方向）、type（類型）和 name（名稱）。本範例使用指令使用 **HTTPTrigger** 模板建立 HTTP 請求函式，根據其 function.json 設定檔可觀察到其觸發程序具有 httpTrigger 類型的輸入繫結，和 http 類型的輸出繫結。

　　由於 3.5.1 小節，指令使用 **HTTPTrigger** 模板建立函式，專案函式資料夾
生成了一個 index.ts 檔案，index.ts 會匯出根據 function.json 中的設定而觸發
的函式。開啟 index.ts 可看見檔案中，已經預設建立了一隻 HTTP 請求的函
式程式如下所示：

```
1. import { AzureFunction, Context, HttpRequest } from "@azure/functions"
2.
3. const httpTrigger: AzureFunction = async function (context:
   Context, req: HttpRequest): Promise<void> {
4.     context.log('HTTP trigger function processed a request.');
5.     const name = (req.query.name || (req.body && req.body.name));
6.     const responseMessage = name
7.         ? "Hello, " + name + ". This HTTP triggered function
   executed successfully."
8.         : "This HTTP triggered function executed successfully.
   Pass a name in the query string or in the request body for a
   personalized response.";
9.
10.    context.res = {
11.        // status: 200, /* Defaults to 200 */
12.        body: responseMessage
13.    };
14.
15. };
16.
17. export default httpTrigger;
18.
```

程式碼第 3 行定義了 httpTrigger 的 HTTP 請求函式，函式必須透過程式碼第 17 行 exports 匯出為可觸發執行的 Typescript 函式。函式會接收 HttpRequest 類型變數 req 中的請求資料，程式碼第 3 行函式的第一個 input 參數是 context 物件，可用來接收和傳送繫結資料、記錄，以及與函式執行時間等資訊。

3.5.3 Context Object

函式執行期間會使用 Context 物件，在您的函式中傳遞資料，用來讀取和設定繫結的資料，以及寫入 Log 資料和執行時間，Context 物件一律是傳遞至函式的第一個 input 參數如下列 HTTP 請求函式範例，函式透過 context.res 來回應資料。

```
1.  const httpTrigger: AzureFunction = async function (context, req) {
2.      context.res = {
3.          body: context.executionContext.invocationId
4.      };
5.  };
```

在 Azure Functions 中，Context 物件還有一個重要的功能，是用來記錄寫入 Log 資料，函式使用 context.log 方法如下列範例程式來寫入預設追蹤層級的函式串流記錄，也可以及使用其他追蹤層級來記錄 Log 資料。下列範例會在預設追蹤層級寫入 Log 記錄，包括 invocationId 呼叫識別碼：

```
1.  context.log("Something has happened. " + context.invocationId);
```

請勿使用 console.log 來追蹤 Log 紀錄。因為 Typescript 語法中的 console.log 是在函式 app 應用層級紀錄，它並不會顯示在 Azure Functions 函式的執行階段記錄中。

紀錄 Log 除了使用 context.log 預設追蹤層級，下列記錄方法可讓您在特定的追蹤層級追蹤函數記錄：

紀錄 **Log** 層級方法	層級描述
context.log.error(message)	寫入 error 層級 logs
context.log.warn(message)	寫入 warn 層級 logs
context.log.info(message)	寫入 info 層級 logs
context.log.verbose(message)	寫入 verbose 層級 logs

下列範例會在 warn 警告追蹤層級上寫入 Log 記錄：

```
1. context.log.warn("Something has happened. " + context.invocationId);
```

若要設定 Azure Functions 專案預設寫入記錄檔和主控台顯示所有追蹤 Log 的層級，可以修改 host.json 檔案中的 tracing.consoleLevel 屬性，如下列範例設定專案紀錄 error 層級的 Log。這個設定會套用到函式應用程式中的所有函式。

```
1. {
2.     "tracing": {
3.         "consoleLevel": "error"
4.     }
5. }
```

error 是最高追蹤層級，只要 error 層級，就會寫入所有追蹤層級的 Log。

3.6 本機測試執行 Azure Functions

Azure Functions 專案及測試 HTTP 函式建立完成後,現在我們透過指令可以來執行測試您建立的函式。

STEP 1:在終端機執行 $ npm start 指令,啟動 Azure Functions 專案如圖 3-8。

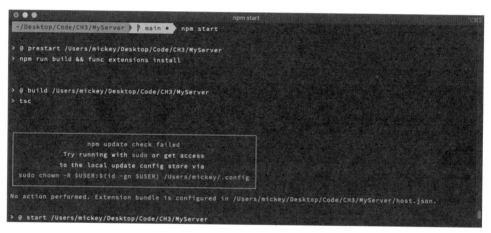

圖 3-8 啟動 Azure Functions 專案

啟動完成後,如圖 3-9 函式已啟動成功且監聽在本機的 7071port 上,可看到終端機結尾處該函式端點為:http://localhost:7071/api/DemoFunction。

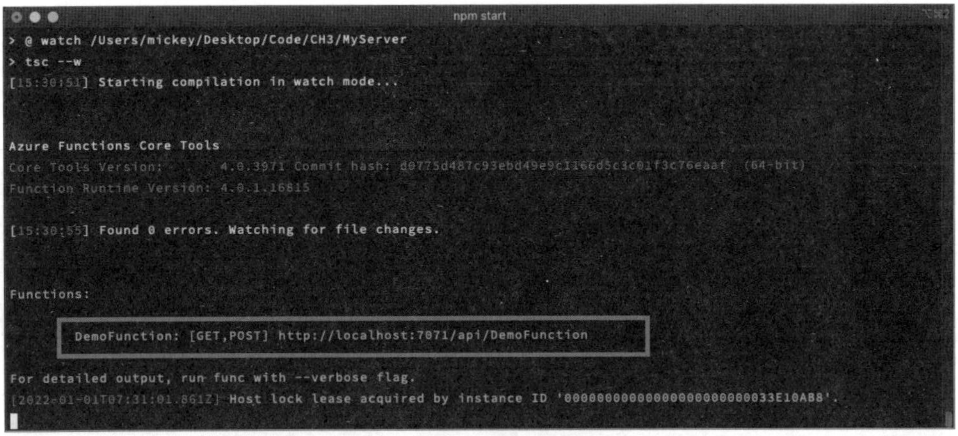

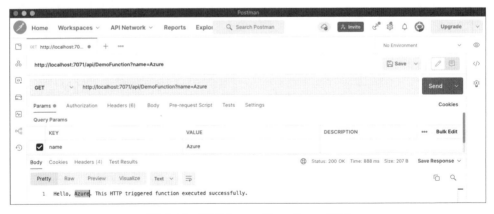

圖 3-9　啟動專案完成畫面

STEP 2：開啟 Postman 新增請求頁面設置該函式端點。

在請求的端點加上 query 查詢字串 (?name=xxxxx) 來測試函式如圖 3-10 所示，測試成功後 DemoFunction 函式將我們輸入的查詢字串作為 Response 回應。

圖 3-10　測試 Azure Functions 函式

Postman 送出請求後，可觀察 Azure Functions 執行階段終端機的畫面，可看到畫面顯示我們程式中使用 content.log 的 Log 紀錄輸出如圖 3-11。

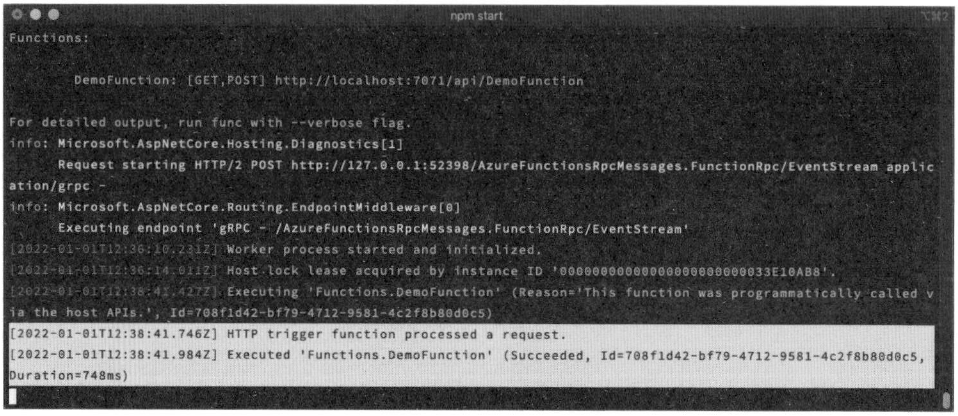

圖 3-11　終端機顯示函式執行階段 Log

3.7　將函式部署至 Azure

　　若要將 Azure Functions 函式程式碼部署至雲端，我們需要在 Azure 雲端平台上先建立三個 Resource 資源：

1. **Resource Group**：資源群組

2. **Storage Account**：儲存體帳戶

3. **Function App**：函數應用程式

3.7.1　使用 Microsoft Azure 入口網站建立資源

　　透過 Microsoft Azure 入口網站建立函式資源的流程如下：

STEP 1：登入 Microsoft Azure 入口網站，搜尋並點選 **Functions App** 服務。

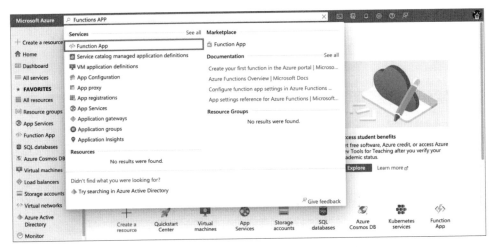

圖 3-12　Azure 入口網站搜尋 Functions App

STEP 2：進入 Functions APP（函數應用程式）後點選**建立函數應用程式**。

圖 3-13　點選建立函數應用程式

STEP 3：選擇或新增一個 Resource Group 資源群組。

若首次使用 Azure 平台，還沒建立過 Resource Group 資源群組，可點擊下方新增如圖 3-14 所示，直接建立資源群組，若已建立過資源群組可直接選擇進行下一步。

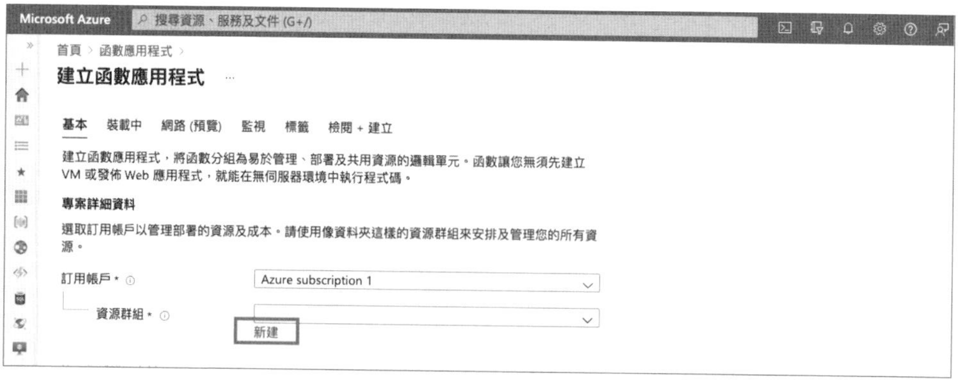

圖 3-14　新增資源群組

STEP 4：視窗輸入資源群組名稱點擊確定。

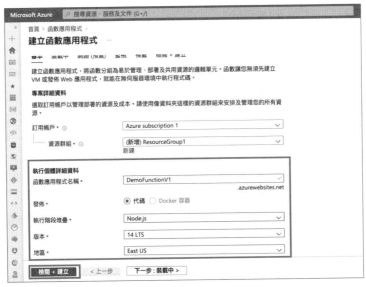

圖 3-15　輸入資源群組名稱

STEP 5：填入**執行個體詳細資料**如圖 3-16，完成後點選**檢閱 + 建立**。

1. **函數應用程式名稱**：輸入應用程式名稱。

2. **發佈**：選擇代碼。

3. **執行階段堆疊**：選擇 Node.js。

4. **版本**：選擇 14 LTS 版。

5. **地區**：預設為 Central US，可根據需求自行更換。

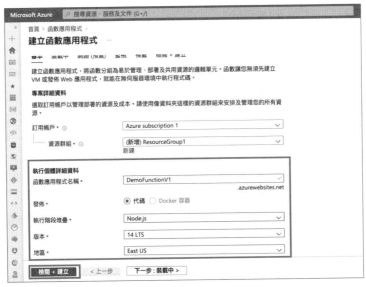

圖 3-16　設定執行個體詳細資料

STEP 6：確認欲建立之函數應用程式參數，點選**建立**。

圖 3-17　確認函數應用程式參數

STEP 7：等待建立函數應用程式，完成可看到部署完成畫面如圖 3-18。

圖 3-18　完成建立函數應用程式

3.7.2　使用 Azure CLI 建立 Azure 資源

在 3.7.1 小節我們已經熟悉如何在 Microsoft Azure 入口網站建立函數應用程式資源，除了使用入口網站的介面建立，Azure 也可以使用 CLI 來建立服務資源，以下為使用 Azure CLI 建立部署 Azure Functions 所需資源流程：

STEP 1：如尚未登入 Azure，請在終端機輸入 $ `az login` 指令登入 Azure 平台。

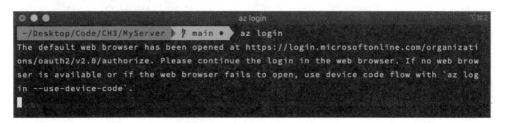

圖 3-19　終端機輸入 az login

輸入 $ `az login` 指令後終端機畫面將會停止運行如圖 3-19，此時電腦會自動開啟瀏覽器並轉導到網頁進行登入，選擇欲登入的 Azure 帳號登入如圖 3-20 所示，等待完成 Azure 帳號登入後將畫面切回終端機，可看見圖 3-21 登入成功畫面及登入資訊。

圖 3-20　選擇 Azure 帳號

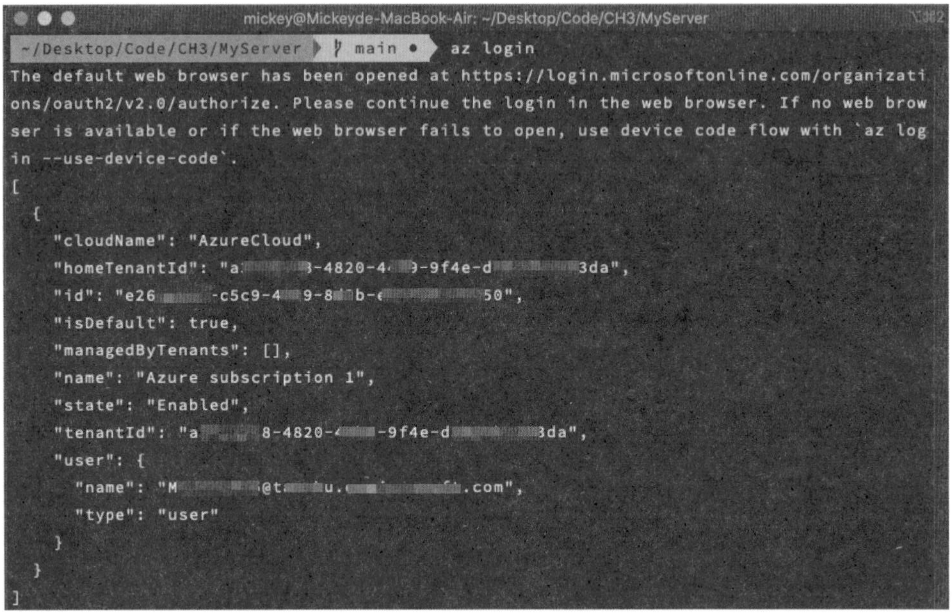

圖 3-21 az login 成功畫面

STEP 2：終端機輸入 $ az group create --name <ResourceGroup Name> --location <REGION> 建立資源群組。

指令中 <ResourceGroup Name> 為資源群組的名稱，此處為 ResourceGroup1 如圖 3-22，<REGION> 為部屬的地域，此處輸入 westus 為美國西部。

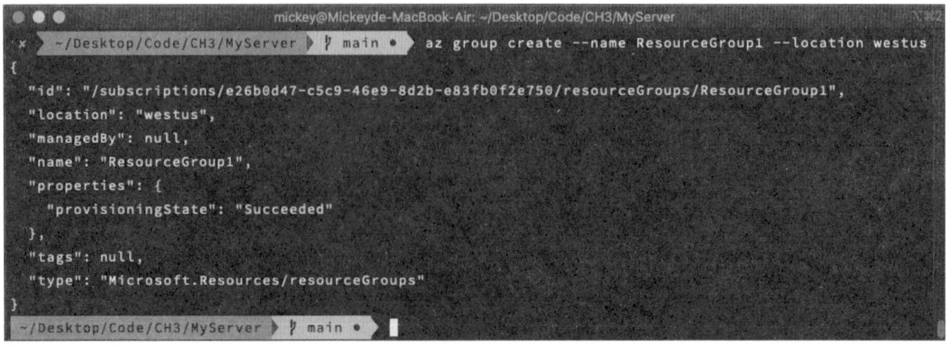

圖 3-22 az group 建立資源群組

STEP 3：終端機輸入 $ `az storage account create --name <STORAGE_NAME> --location <REGION> --resource-group <ResourceGroup Name> --sku Standard_LRS` 建立儲存體帳戶。

指令中 <STORAGE_NAME> 儲存體帳戶名稱，此處為 account12df3f4g 如圖 3-23，<ResourceGroup Name> 為上一步設定的資源群組名稱。--sky Standard_LRS 指定為一般用途帳戶。

> 請將 <STORAGE_NAME> 取代為符合 Azure 儲存體中的唯一名稱。且名稱只能含有 3 到 24 個字元的數字和小寫字母。

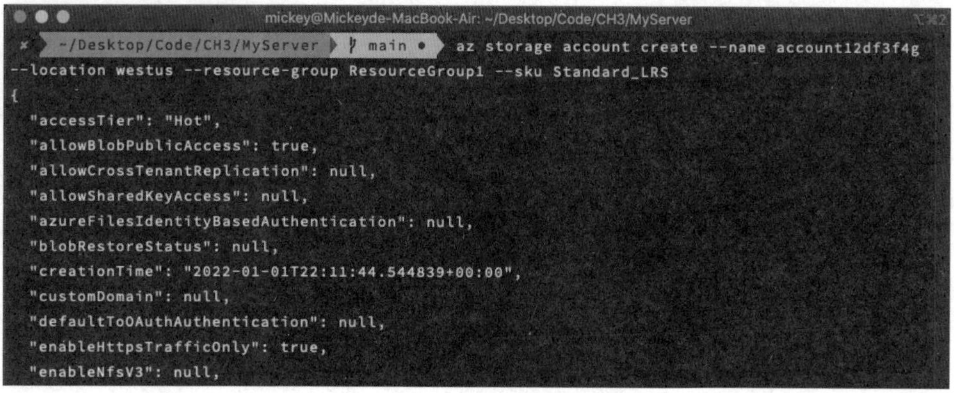

圖 3-23 az storage 建立儲存體帳戶

STEP 4：終端機輸入 $ `az functionapp create --resource-group <ResourceGroup Name> --consumption-plan-location <REGION> --runtime node --runtime-version 14 --functions-version 4 --name <APP_NAME> --storage-account <STORAGE_NAME>` 建立函式應用程式。

指令中 <APP_NAME> 為函式應用程式名稱如圖 3-24，此處為 DemoFunctuonV1，指令中 runtime node 與 --runtime-version 14 分別指定函式運行階段的環境，本範例函式使用 TypeScript 開發因此設定 node 與 14 版本，<ResourceGroup Name> 與 <STORAGE_NAME> 分別為先前建立的資源群組名稱與儲存帳號名稱。

```
mickey@Mickeyde-MacBook-Air:~/Desktop/Code/CH3/MyServer
~/Desktop/Code/CH3/MyServer ) ) main • ) az functionapp create --resource-group ResourceGroup1 --consumption-plan-locatio
n westus --runtime node --runtime-version 14 --functions-version 4 --name DemoFunctionV1 --storage-account account12df3f4g

Application Insights "DemoFunctionV1" was created for this Function App. You can visit https://portal.azure.com/#resource/
subscriptions/e26b0d47-c5c9-46e9-8d2b-e83fb0f2e750/resourceGroups/ResourceGroup1/providers/microsoft.insights/components/D
emoFunctionV1/overview to view your Application Insights component
{
  "availabilityState": "Normal",
  "clientAffinityEnabled": false,
  "clientCertEnabled": false,
  "clientCertExclusionPaths": null,
  "clientCertMode": "Required",
  "cloningInfo": null,
  "containerSize": 1536,
  "customDomainVerificationId": "4A1593A7E5D05228639548A40488E0FB476241E9F5C39A8057410464C04F85EA",
  "dailyMemoryTimeQuota": 0,
  "defaultHostName": "demofunctionv1.azurewebsites.net",
  "enabled": true,
  "enabledHostNames": [
    "demofunctionv1.azurewebsites.net",
    "demofunctionv1.scm.azurewebsites.net"
  ],
```

圖 3-24 az functionapp 建立函式應用程式

使用 Azure CLI 建立函式應用程式成功後，登入 Microsoft Azure 入口網站，進入函數應用程式設定頁面，可看見我們使用指令建立的函式應用程式以建立完成如圖 3-25 所示：

圖 3-25 az functionapp 建立函式應用程式

備註：讀者可照自己習慣使用 Microsoft Azure 入口網站或 Azure CLI 擇一方式來
建立函式應用程式，只需確認函式應用程式建立成功，才可進行部署動作。

3.7.3 部署 Azure Functions 函式

　　使用 Core Tools 將您的 Azure Functions 專案部署至 Azure 雲端前，必須先
從 TypeScript 原檔案建立準備好用於部署 prod 環境的 JavaScript Code。

STEP 1：終端機輸入 $ `npm run build:production` 將 TypeScript
Code 編譯為 JavaScript Code 用於部署如圖 3-26 所示：

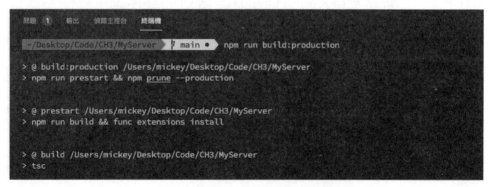

圖 3-26　TypeScript 專案部署準備

STEP 2：終端機輸入 $ `func azure functionapp publish <APP_
NAME>` 進行部署。

您可以使用 $ `func azure functionapp publish` 指令，將您的本機
Azure Functions 專案部署至 Azure 雲端中，圖 3-27 所示成功後可看到函式
部署後的新端點。指令中的 <APP_NAME> 為 3.7.2 小節我們建立的函式應
用程式。

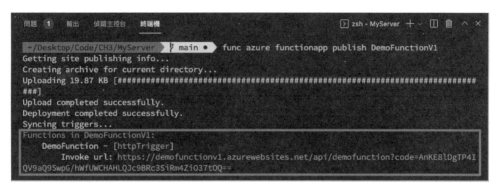

圖 3-27　部署 Azure Functions 函式專案

STEP 3：Postman 更換 Azure Functions 代理端點進行測試。

開啟 Postman 將請求原本函式在本機執行的端點替換成部署後的端點進行測試，如圖 3-28 所示，函式回應成功。

圖 3-28　部署 Azure Functions 函式專案

　　現在您已經學會如何部署 Azure Functions 函式專案，在 3.8 節將帶讀者，使用將 Chapter2 的 Webhook URL 平移到 Azure Functions 專案並部署到 Azure 雲端上，由 Azure 雲端來做為聊天機器人的 Bot Server。

3.8　Webhook URL 重構至 Azure Functions

在 Chapter2 您已經學會在本機上使用 Node.js Express 框架，建構聊天機器人的 Webhook URL，但要維持聊天機器人運行，便不能停止本地的 Bot Server 運行開發者必須自己管理這些運行成本，本節將帶讀者使用 Azure Functions 將 Webhook 轉移至 Azure 無伺服器運算服務上，讓 Azure Functions 託管我們的 Bot Server。開始將 Chapter2 開發的 Line 聊天機器人 Webhook URL 部署至 Azure Functions 流程如下：

STEP 1：終端機執行 $ `func init BotServer --typescript` 指令建立 BotServer 韓式專案如圖 3-29 所示：

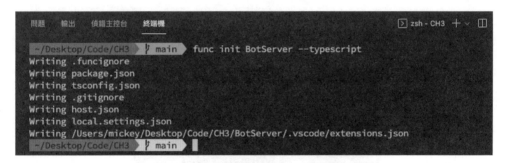

圖 3-29　建立 BotServer 專案

STEP 2：終端機執行 $ `cd BotServer` 進入專案資料夾。

STEP 3：終端機執行 $ `func new --name LineWebhook --template "HTTP trigger"` 指令，建立 Azure Functions 函式。如圖 3-30 所示：

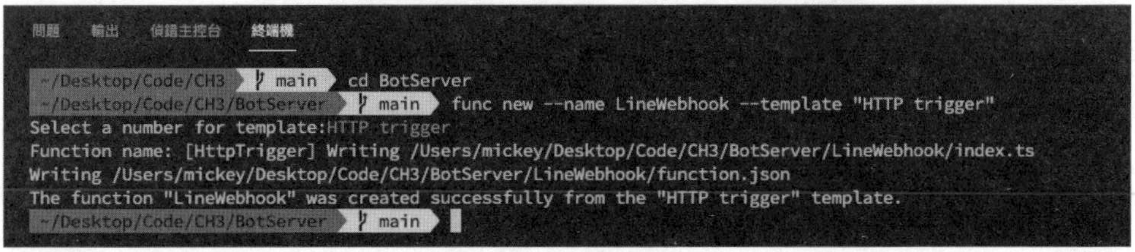

圖 3-30　建立 LineWebhook 函式

STEP 4：終端機執行 $ npm install 與 $ npm install @line/bot-sdk --save 指令安裝專案所需模組與 LINE Messaging API SDK。如圖 3-31 所示：

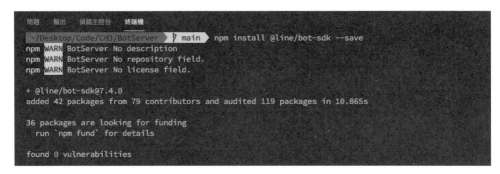

圖 3-31　建立 LineWebhook 函式

建立函式完成後現在的 BotServer 函式專案結構如圖 3-32 所示。

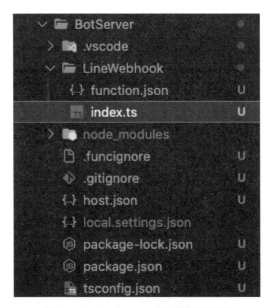

圖 3-32　BotServer 函式專案結構

STEP 5：將 Chapter2 的 LineWebhook.ts 程式改寫至 index.ts 程式。

開啟 index.ts 修改程式，只需將 Chapter2 的 **LineWebhook** 專案程式碼，從 Express 框架改寫由 @azure/functions 框架來處理。由於使用 Azure Functions 模板建立函式，程式碼第 1 行已匯入 @azure/functions 模組，程式碼第 11 行為 httpTrigger 函式，這是主要修改的函式，將 Webhook URL 改由該函式處理，其 Webhook Event 同樣由 req 物件傳遞，不同的地方在於需引入 Context 物件，使用 Context.res 來處理請求回應與使用 Context.log 紀錄執行執行階段 Log，剩下的程式邏輯與原專案相同，將原 **LineWebhook.ts** 對應的程式貼入 24 行即可。

> 由於使用 @azure/functions 框架來改寫 Webhook URL，無法使用原專案 Express. middleware( ) 方法驗證 x-line-signature，因此改寫程式碼第 14 行：使用 @line/bot-sdk 模組提供的 validateSignature( ) 方法驗證 LINE Platform 來源請求在 Headers 中攜帶 x-line-signature。

　　下列程式為改寫後的 index.ts 程式範例：

```
1. import { AzureFunction, Context, HttpRequest } from "@azure/functions"
2. import { Client, validateSignature, WebhookEvent, Message,
   TextMessage, StickerMessage, LocationMessage, ImageMessage } from
   '@line/bot-sdk';
3.
4. const config = {
5.     channelAccessToken: '<YOUR_CHANNEL_ACCESS_TOKEN>',
6.     channelSecret: '<YOUR_CHANNEL_SECRET>'
7. };
8.
9. const client = new Client(config);
10.
11. const httpTrigger: AzureFunction = async function (context:
    Context, req: HttpRequest): Promise<void> {
```

```
12.
13.     const signature: string = req.headers["x-line-signature"]
14.     if (validateSignature(JSON.stringify(req.body), config.
        channelSecret, signature)) {
15.         const events = req.body.events as Array<WebhookEvent>
16.         for (const event of events) {
17.             await handleWebhookEvent(event);
18.         }
19.     }
20.
21.     context.res = { status: 200, body: 'ok' };
22. };
23.
24. const handleWebhookEvent = async (event: WebhookEvent):
    Promise<any> => { ……
25. }
26.
27. export default httpTrigger;
28.
```

STEP 6：建立函數應用程式。

部署前先建立新的函數應用程式此處命名為 LineWebhook 如圖 3-33 所示：

圖 3-33 建立 LineWebhook 函數應用程式

STEP 7：專案部署至函數應用程式：

1. 終端機輸入 $ `npm run build:production` 準備部署程式資源。

2. 終端機輸入 $ `func azure functionapp publish <APP_NAME>` 進行部署

部署的方式與 3.7.3 小節相同，使用 Core Tools 指令即可

圖 3-34　準備部署程式資源

圖 3-35　專案部署至 LineWebhook 函數應用程式

STEP 8：設定 Webhook URL。

前往 LINE Developers Console 的官方帳號 Messaging API 頁面，將部署 Azure Functions 後的 Webhook URL 端點貼到 Webhook settings 的 Webhook URL 欄位並修改。如圖 3-36 所示。

圖 3-36 修改 Webhook URL

STEP 9：測試聊天機器人，如圖 3-37 所示。

圖 3-37 測試聊天機器人

將部署 Azure Functions 代理的 Webhook URL 後，測試原 Chapter2 的範例 LINE Bot 功能皆相同。

STEP 10：監控 Azure Functions 後台。

現在您的 Bot Server 已由 Azure Functions 服務託管，如果要 Debug 或監控 Webhook URL 使用情況，可至 Microsoft Azure 入口網站，進入函式應用程式（Functions Applications）服務點選函式部署的函數應用程式如圖 3-38 所示：

圖 3-38 Azure 函數應用程式頁面

選擇 LineWebhook 函式，點選監控，操作 LINE BOT 聊天機器人時，可在
此頁面監控您的 Bot Server 使用狀況如圖 3-39 所示：

圖 3-39 監控函式

4

資料庫服務
Azure Cosmos DB

>> 了解 NoSQL 資料庫與關聯式資料庫

>> 學習建立 Azure Cosmos DB

>> 了解 Azure Cosmos DB 結構，
並透過 SQL 存取資料

>> 學習使用 Azure Functions 開發 RESTful API

4.1　Azure Cosmos DB

當用戶使用不管是網頁、APP、聊天機器人存取資料時，若應用程式要快速回應且不中斷服務，則資料庫的延遲時間與高可用性就是一個關鍵，影響延遲時間的因素，除了網路狀態外，就是應用程式與資料庫的距離，應用程式必須部署在接近用戶的資料中心。而高可用性代表應用程式在尖峰時間使用量較大的時段必須即時回應、儲存不斷增加的資料量，透過雲端無伺服器的特性與高可用性的架構來讓這些資料能快速響應提供使用者使用。

Azure Cosmos DB 是 Microsoft 的 NoSQL 資料庫服務如圖 4-1 所示，具有自動延展與立即擴充的特性，可使用多種熱門語言的 SDK、原生 SQL API 以及適用於 MongoDB、Cassandra 等多種資料庫 API，開發者可以根據原本自身熟悉的體系與技能，進行快速又靈活的應用程式開發。Azure 提供非常多類型資料庫服務，如 Azure SQL Database、Azure Cosmos DB、常見的 SQL Server、MySQL、PostgreSQL、MongoDB 等也可以在 Azure 雲平台上建立提供開發者使用，本節將帶讀者分析聊天機器人使用 NoSQL 資料庫服務可能是適當方案的原因，您將了解如何建立 Azure Cosmos DB 資料庫服務並開發 API 存取資料。

圖 4-1　Azure Cosmos DB 服務

4.2　NoSQL 資料庫與關聯式資料庫

　　關聯式和 NoSQL 資料庫是在雲端原生應用程式中是兩種不同類型的資料庫服務。本節將探討這兩者差異。關聯式和 NoSQL 資料庫它們的建立方式不同，支援不同的儲存資料型態，並以不同的方式存取。數十年來關聯式資料庫普遍技術已非常成熟，競爭的資料庫產品為數眾多如 Microsoft SQL Server、PostgreSQL、MySQL 等都是成熟、市場廣泛使用的關聯式資料庫。關聯式資料庫會提供相關資料表（Table）的存放區。這些資料表具有固定的結構（Schema）、且使用 SQL 結構化查詢語言來管理資料表與資料。NoSQL 資料庫如 Azure Cosmos DB、MongoDB 等具有高效能、可調整性、可水平延展的特性，儲存資料的方式與關聯式資料庫不同，NoSQL 資料庫可以儲存半結構化或非結構化的資料，而不是結構化資料的資料表，還有一點不同的是關聯式資料庫需事先定義儲存的資料結構 Schema，據高穩定且但隨著資料 Table 增長搜尋速度將會變慢且難以擴展修改、靈活性差，NoSQL 資料庫則不需要定義 Schema 可根據需求隨時調整。事實上 SQL 與 NoSQL 資料庫並無完全的優劣之分，開發者必須根據需求選擇適合的資料庫類型來進行開發。SQL 資料庫與 NoSQL 資料庫比較如下表所示：

類型	關聯式資料庫	NoSQL 資料庫
資料類型	Table（結構化資料）	Key-Value、文件、影像（半結構和非結構資料）
定義 Schema	是	否
擴展	困難	容易
效能	慢	快
適合應用場景	高度一致性的資料處理	用於包含低延遲應用程序的各種資料訪問
資料庫服務	Microsoft SQL Server PostgreSQL	Azure Cosmos DB MongoDB
搜尋資料方式	SQL	以物件為基礎的 API

4.2.1 資料類型（結構化、半結構化、非結構化）

常用的資料庫儲存的資料類型共分為三種如下所示，關聯式資料庫主要儲存結構化資料，NoSQL 資料庫主要儲存半結構化與非結構化資料，有關結構化、半結構化、非結構化的資料結構示意圖如圖 4-2 所示。

1. **結構化資料（Structured Data）**

   Table 具有固定格式及明確定義的資料格式，每筆資料都有固定的欄位、固定的格式、固定的順序甚至是固定的佔用大小。

2. **半結構化資料（Semi-Structured Data）**

   具備欄位概念，欄位資料大小無明確規定具可拓展性，如 JSON。

3. **非結構化資料（Unstructured Data）**

   無固定規則的資料，可以是影片檔案，一串亂碼文字等。

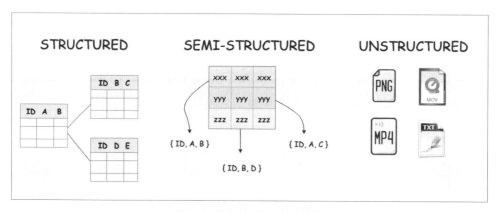

圖 4-2 資料庫儲存資料類型

4.3　Why Azure Cosmos DB?

　　想像一下您現在要開發電商聊天機器人，您需要設計電商聊天機器人可查詢貨品資訊的功能，並選擇資料庫類型與規劃欄位。假設您決定使用關聯式資料庫來開發且已經定義了貨品資料 Schema 欄位，有 ID、貨品種類、品牌、價格、保固期限、建議售價，這時電商平台需上架食品商品，需要增加熱量欄位，這時需要重新定義 Schema，且原先的資料表會有欄位變成空白，導致儲存空間浪費，又或者要重新規劃並正規劃資料，所花的開發時間過長，如果這時使用的是 NoSQL 資料庫，則不會有上述問題，開發者只需保留共用 JSON 欄位，可隨時進行調整。對於電商聊天機器人來說，資料時常新增更新，且需求不斷修改，為了資料的彈性，選擇 NoSQL 類型的 Azure Cosmos DB 是較為合理的。本節將帶讀者使用 Azure Functions 連結 Azure Cosmos DB，開發存取資料的 API。

4.4 Azure Cosmos DB 結構

開始建立 Azure Cosmos DB 之前，我們先來了解 Azure Cosmos DB 的資源結構如圖 4-3 所示，瞭解這些專有名詞，這將有助於後續的操作與開發。Azure Cosmos DB 是一個雲端平台即服務（PaaS）。若要使用 Azure Cosmos DB，必須在 Azure 資源群組中建立 **Database Account（Azure Cosmos 帳戶）**，然後在所需訂閱的帳戶下建立 **Database（資料庫）**、**Container（容器）**、**item（項目）**，本節將帶讀者了解這些名詞 Azure Cosmos DB 結構階層中的意義。

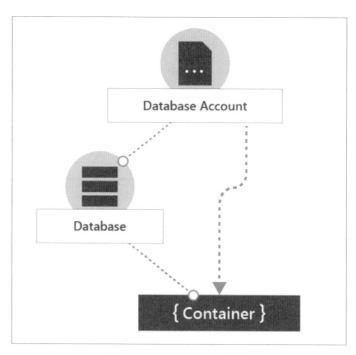

圖 4-3　Cosmos DB 結構

Database Account 是最高層級的資源，開發者最多可以在 Azure 中訂閱 50 個 **Database Account**，每個帳戶下可以擁有一個或多個 **Database**，**Database** 類似於資料庫的命名空間，每個 **Database** 可建立多組 **Container**，如果您熟悉 SQL Server 資料庫，**Container** 相當於 SQL Server 的 Table，每個 Table 可以儲存多組 Row 的行資料，**Container** 可儲存的資料就稱為 **item**。

Cosmos DB 詳細的組成層級如圖 4-4 所示，Azure Cosmos Container 容器是資料庫擴充的基本單位，**Container** 儲存何種 **item** 資料取決於開發者設定時選取的 API 取用類型，如果選擇 SQL API（Core API）則儲存 document（Key-Value）類型的 JSON 資料，如果選擇 Table API 則儲存 Table 表資料，如果選擇 Gremlin API 則儲存圖檔，除此儲存資料外，**Container** 還可以提供開發儲存程式、用戶自訂函式、觸發器、儲存資料衝突邏輯設定等功能，開發者可以使用各種語言的 SDK 來撰寫這些功能。

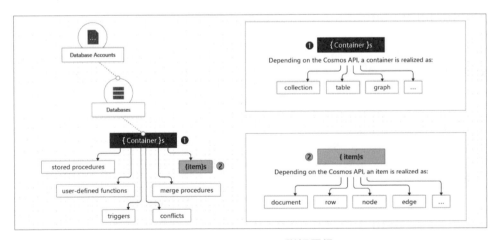

圖 4-4　Cosmos DB 詳細層級

4.5 建立 Azure Cosmos DB 資料庫

Azure Cosmos DB 是 Azure 的全域分散式多模型資料庫 PaaS 服務。開發者可以使用 Azure Cosmos DB 快速建立和查詢 document（Key-Value）資料庫、圖形檔案資料庫。本節將帶讀者使用 Azure 入口網站建立 Azure Cosmos DB 帳戶、設定帳戶存取 API 類型、建立 Database 資料庫和 Container 容器。

| 事前準備：擁有 Azure 帳號並註冊為免費帳戶。

4.5.1 建立 Azure Cosmos DB 帳戶

STEP 1：登入 Microsoft Azure 入口網站，搜尋 **Azure Cosmos DB** 服務。

圖 4-5 Azure 入口網站搜尋 Azure Cosmos DB

STEP 2：進入 Azure Cosmos DB 後點選建立 **Azure Cosmos DB** 帳戶。

圖 4-6　建立 Azure Cosmos DB 帳戶

STEP 3：選取 API 選項：選擇**核心（SQL）**，點選**建立**。

API 選項會決定帳戶存取資料的方式與資料類型。Azure Cosmos DB 提供 五 種 API 選 項：Core (SQL)、MongoDB、Gremlin、Azure Table 和 Cassandra。 本節範例選擇核心（SQL）API，來存取 document（key-value）類型的 JSON 資料。

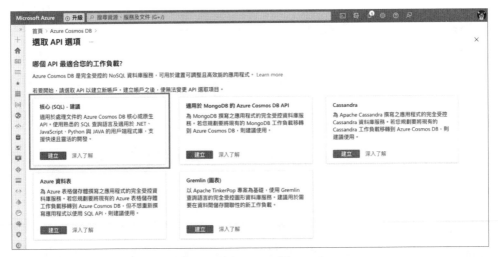

圖 4-7　選擇帳戶 API 選項

STEP 4：建立 Azure Cosmos DB 帳戶頁面，輸入下列帳戶資訊點選**檢視 +
建立**。

1. **資源群組**：選取資源群組，或選取建立新資源群組。

2. **帳戶名稱**：輸入 Azure Cosmos 帳戶識別名稱。名稱只能包含小寫字母、
   數字，以及連字號（ - ）符號，長度必須介於 3~44 個字元之間。

3. **位置**：選取要託管 DB 的地理位置。可根據需求自行更換，使用最接近使
   用者的位置，讓他們以最快的速度存取資料。

4. **容量模式**：如您的資料庫存取流量為持續且穩定可選取**佈建的輸送量**。如
   可能會有尖峰時段間歇性或不可預測流量選取 Serverless **無伺服器**選項。

圖 4-8　設定 Cosmos DB 帳戶資訊

STEP 5：檢查帳戶設定，然後選取**建立**。

圖 4-9　確認 Cosmos DB 帳戶資訊

STEP 6：建立帳戶需要幾分鐘的時間。等待入口網站頁面顯示您的部署已完成。

圖 4-10　等待建立帳戶

STEP 7：建立帳戶完成後點選**前往資源**。

圖 4-11　建立 Cosmos DB 帳戶完成

建立帳戶完成，點選**前往資源**可看見 Azure Cosmos DB 帳戶頁面如圖 4-12。

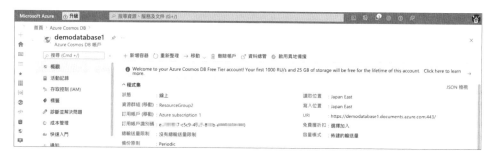

圖 4-12　查看 Cosmos DB 帳戶

新增資料庫和容器

建立 Azure Cosmos DB 帳戶完成後，您可以前往 Azure Cosmos DB 帳戶頁面，使用**資料總管（Data Explorer）**來建立 **Database（資料庫）**和 **Container（容器）**。詳細操作步驟如下：

STEP 1：前往 Azure Cosmos DB 帳戶頁面，然後點選**資料總管**。

資料總管（Data Explorer）也可從左側導覽選單進入。

圖 4-13 點選資料總管

STEP 2：進入資料總管後，點選 **New Container**。

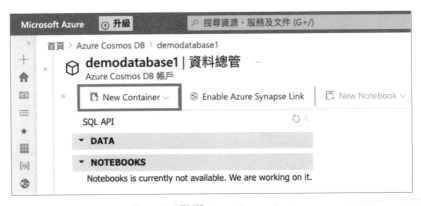

圖 4-14 點選 New Container

STEP 3：在 **New Container** 設定視窗中，設定新容器並點選 **OK**。

點選 New Container 後，畫面右方會出現設定視窗後，輸入下列容器設定：

1. **資料庫識別碼（Database id）**：輸入新資料庫名稱。資料庫名稱長度必須為 1 到 255 個字元，而且不能包含特殊符號或結尾空格。

2. **資料庫傳送量（Database throughput）**：可以配置自動縮放（Auto scale）或手動設定傳送量（Manual）。

備註：建立 Cosmos DB 帳戶類型選擇 Serverless 的話則無此設定項目。

3. **資料庫最大傳送量（Database Max RU/s）**：手動設定傳送量（Manual）可讓您自行設定縮放傳送量 RU/s，而自動縮放（Auto scale）輸送量可讓系統根據使用量來縮放傳送量 RU/s。

4. **容器識別碼（Container id）**：輸入 Container 容器的名稱。

5. **分區鍵（Partition keys）**：輸入您用來區分資料的 key。比如說：區分員工資料，使用部門為區分依據，則部門則為 **Partition key**。

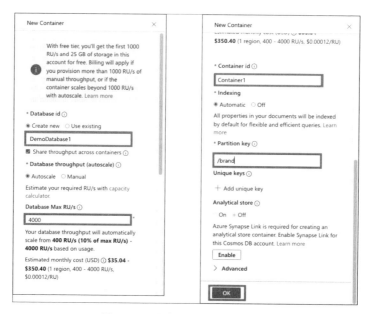

圖 4-15 設定 New Container

STEP 4：設定成功後，資料總管選單，會顯示您建立的 Database 和 Conatiner。

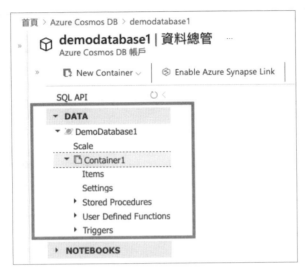

圖 4-16 Container 設定完成

4.5.2 新增資料至資料庫

設定 Database 和 Conatiner 成功後，便可以開始新增資料至資料庫，開發者有數種方式可將資料新增至 Azure Cosmos DB 儲存。您可以使用您熟悉的開發語言 Python、C#、Java 及 Node.js 等原生 Cosmos DB SDK 來開發 API 新增資料，或是使用 Azure 入口網站操作**資料總管**也可新增資料。

本節將帶您使用 Azure 入口網站操作資料總管來新增資料，先帶讀者快速且容易地操作 Azure Cosmos DB 資料庫，無需開發程式碼就能嘗試各種不同的資料庫操作行為如查詢、新增及修改資料以至於熟悉使用 NoSQL 資料庫進行開發。接下來的小節會在帶讀者使用 Node.js 的 Cosmos DB SDK 開發 API 程式來存取資料。

> 備註：**資料總管（Data Explorer）**是 Azure 入口網站中 Azure Cosmos DB 資料庫服務包含的工具，可用來管理 Azure Cosmos DB 中所儲存的資料。它提供一個 UI 介面來讓開發者瀏覽檢視、查詢和修改資料，也可以利用**資料總管**來建立和執行用戶自訂函式或設定 Trigger 觸發器。

　　現在開始使用**資料總管**新增測試資料到 Azure Cosmos DB 資料庫以便後續實驗開發。流程如下：

STEP 1：前往**資料總管**展開 Database 和 Conatiner，接下來選取 **Items**，然後選取 **New Items**。

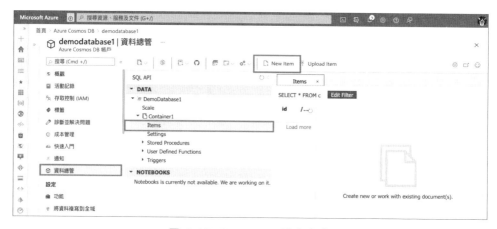

圖 4-17　Container 設定完成

STEP 2：將要新增的 **JSON** 資料複寫到右側 Items 視窗中。

如圖 4-18 所示，將下列範例 JSON 資料，覆蓋掉畫面右側視窗中的預設資料。

```
1.  {
2.      "id": "1",
3.      "brand": "Tesla",
4.      "name": "Model 3",
5.      "description": "4門5人座 | 滿電續航485KM",
6.      "price": 1650000
7.  }
```

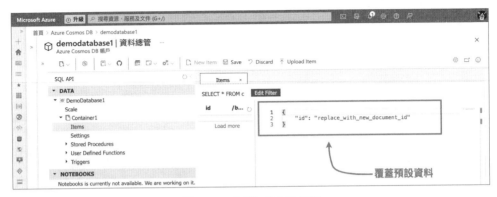

圖 4-18 複寫 JSON 資料

STEP 3：點選 Save 儲存資料。

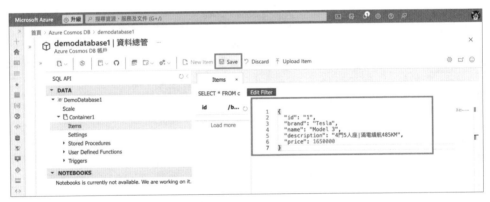

圖 4-19 儲存資料

STEP 4：重複 STEP2、3 再新增一組 JSON 資料並更新 id 維一值屬性。

新增下列範例 JSON 資料：

```
1.  {
2.      "id": "2",
3.      "brand": "Tesla",
4.      "name": "Model X",
5.      "description": "5 門 5 人座 ｜ 滿電續航 480KM",
6.      "price": 3890000
7.  }
```

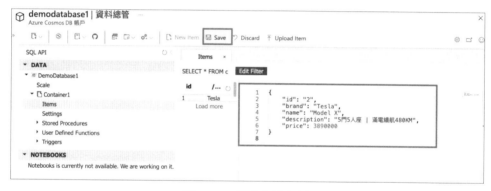

圖 4-20　新增多組資料

　　您已使用**資料總管**將兩組 Items 新增至資料庫，這兩組 Items 分別代表產品型錄中的一項產品。

4.5.3 查詢資料

本節使用上節新增的產品型錄資料來了解熟悉如何透過 SQL 查詢資料的概念。Azure Cosmos DB 就像 SQL Server 一樣可使用 SQL 語法來執行查詢作業，您可以在資料總管中使用 **New SQL Query** 功能新增查詢輸入 SQL 語法來查詢資料。如圖 4-21 所示：

圖 4-21 輸入 SQL 查詢資料

SQL 基本語法概念

每個 SQL 查詢都由一個 SELECT 語法以及 FROM 和可有可無的 WHERE 語法所組成。您也可以新增其他語法（例如 ORDER BY）來取得您所需的資訊。

SQL 基本查詢語法具有下列範例格式：

```
1. SELECT <select_list> [FROM <optional_from_specification>]
2.     [WHERE <optional_filter_condition>]
3.     [ORDER BY <optional_sort_specification>]
```

SELECT 語法

SELECT 語法會決定執行查詢時返回的查詢資料欄位。值為 SELECT ＊ 時表示會傳回整份 JSON 文件。例如，如果您輸入下列查詢：

```
1. SELECT * FROM c
```

回傳的結果可看見回傳先前建立的 2 組產品資料會如下圖 4-22 的 JSON 資料：

圖 4-22 SELECT* 搜尋資料

SELECT 語法也可以限制輸出僅包含特定屬性。在下列查詢中，只會傳回產品 id、廠牌、產品名稱與價格：

```
1. SELECT p.id, p.brand, p.name, p.price
2. FROM Products p
```

回傳的結果會是看起來如下圖 4-23 的 JSON 資料：

圖 4-23 SELECT* 搜尋資料

FROM 語法

FROM 語法會指定作為查詢操作對象的資料來源。您可以將整個容器設為查詢來源，也可以改為指定容器的子集。如 SELECT * FROM Products 中 Products 表示整個 Container1 容器查詢的來源。您使用變數來取代 From 容器來源如以下程式：使用 p 來取代 Products，使用變數 p 來搜尋 p.name 產品名稱資料。

```
1. SELECT p.name FROM Products p
```

回傳的結果會是看起來如下圖 4-24 的 JSON 資料：

圖 4-24　From 變數取代容器搜尋

WHERE 語法

WHERE 語法是非必填的，使用 WHERE 語法會指定條件，容器內 JSON 資料必須滿足這些條件，才能被搜尋出來。如以下程式：

```
1. SELECT
2.     p.id,
3.     p.brand,
4.     p.name,
5.     p.price
6. FROM Products p
7. WHERE p.id = "2"
```

回傳的結果會是看起來如下圖 4-25 所示，SQL 只會搜尋出 id = 2 的 JSON
資料：

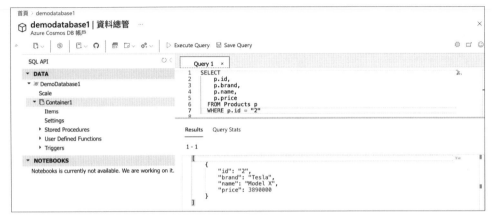

圖 4-25　Where 條件搜尋

ORDER BY 語法

`ORDER BY` 語法可遞增或遞減順序排序搜尋結果。如下列程式：

```
1. SELECT p.id, p.brand, p.name, p.price
2.     FROM Products p
3.     ORDER BY p.price ASC
```

使用 ORDER BY p.price ASC 查詢會傳回結果依價格以遞增順序排序如
圖 4-26 所示，如要遞減排序可使用 ORDER BY p.price DESC 如圖 4-27
所示：

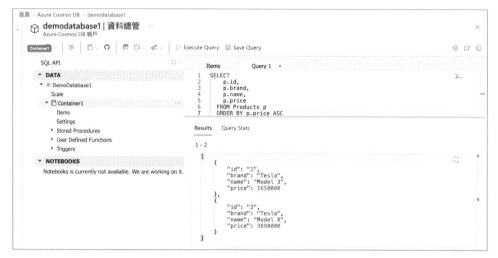

圖 4-26 ORDER BY ASC 條件搜尋

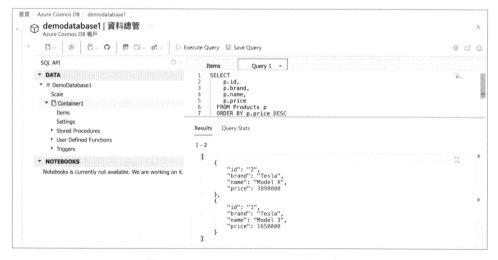

圖 4-27 ORDER BY DESC 條件搜尋

4.6 Azure Cosmos DB SQL/Core API 簡介

在 4.4 節與 4.5 節中已了解 Azure Cosmos DB 結構的基本概念，並建立 **Database Account（Azure Cosmos 帳戶）**、**Database（資料庫）**、**Container（容器）**、**item（項目）**。Azure Cosmos DB 的 SQL API 會以 JSON 格式將 document 資料儲存在 **Container（容器）** 內的 **item（項目）**，開發者可透過 SQL API，使用多數熱門程式語言的用戶端函式庫，搭配 SQL 查詢語言來存取資料。Azure Cosmos DB 也提供其他 API（例如 Mongo、Gremlin 和 Cassandra），相容於多個資料庫生態系統，本節將帶讀者使用 Cosmos DB 的 Node.js SDK 透過 SQL API 來存取資料。

4.6.1 如何操作 Azure Cosmos DB Node.js SDK

本小節說明如何使用 Azure Cosmos DB Node.js SDK 建立 Azure Cosmos 資料庫資源與進行 **CRUD** 新增（Create）、讀取（Read）、更新（Update）、刪除（Delete），Cosmos DB Node.js SDK 名為「**@azure/cosmos**」須先在 Node.js 專案中輸入指令透過 npm 安裝 **@azure/cosmos** 模組：`$ npm install @azure/cosmos`

從 @azure/cosmos npm 套件中引入 CosmosClient

```
1. import { CosmosClient } from "@azure/cosmos";
```

初始化 CosmosClient 物件

```
1. const client = new CosmosClient({ endpoint, key });
```

選取資料庫（database）工作區

```
1.  const database = client.database(databaseId);;
```

選取容器（container）工作區

```
1.  const container = database.container(containerId);
```

新增（Create）item

```
1.  const { resource: createdItem } = await container.items.create(newItem);
```

讀取（Read）所有 item

```
1.  const querySpec = {
2.      query: "SELECT * from c"
3.  };
4.  const { resources: items } = await container.items
5.      .query(querySpec)
6.      .fetchAll();
```

更新（Update）item

```
1.  const { id, partitionKey } = createdItem;
2.  createdItem.isComplete = true;
3.  const { resource: updatedItem } = await container.item(id, partitionKey)
4.      .replace(createdItem);
```

刪除（**Delete**）item

```
1.  const { resource: result } = await container.item(id, partitionKey).delete();
```

注意：更新（Update）和刪除（Delete）item，使用 container.item() 傳入的 2 個 input 是 item 的**識別碼 id**，和**分區鍵**（**Partition keys**）。

4.6.2 使用 Node.js SDK 連接並查詢 Cosmos DB 中的數據

要在本機建立 Node.js 專案並使用 Azure Cosmos DB SQL/Core API 來對資料庫進行 **CRUD**。首先先新增一個 Node.js 專案並建立程式架構流程如下：

提醒：開始操作前需完成 4.5 節建立 Azure Cosmos DB 並新增資料

STEP 1：在專案目錄中，終端機輸入 $npm init 建立 Node.js 專案：

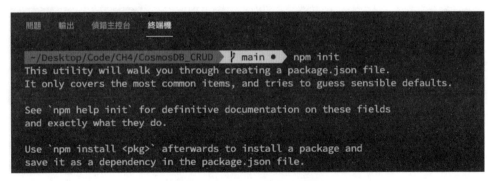

圖 4-28　建立 Node.js 專案

STEP 2：終端機輸入 $touch app.ts、$touch config.ts、$touch dbConnection.ts 建立 3 支 typescript 程式，程式架構如圖 4-29 所示：

圖 4-29　專案程式架構

STEP 3：終端機輸入 $ npm install @azure/cosmos --save 安裝模組：

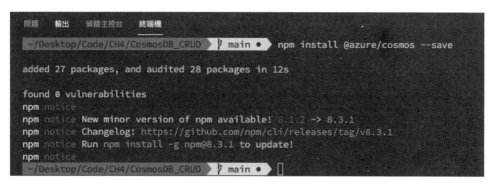

圖 4-30　安裝 @ azure/cosmos

STEP 4：編輯 config.ts 程式：

將下列程式碼片段複製並貼到 config.ts 檔案中，然後設定 config.ts 程式中的各屬性，這些設定值將會在後續流程進行資料庫連線與 CRUD 時使用到。程式第 4 行的 databaseId 與第 5 行 containerId 為建立 Azure Cosmos

DB 時您設定的資料庫名稱與容器名稱，第 6 行 partitionKey 為資料的分區鍵，本節範例使用 /brand 品牌作為產品清單的資料分區鍵。

```
1. export const config = {
2.     endpoint: "<Your Azure Cosmos account URI>",
3.     key: "<Your Azure Cosmos account key>",
4.     databaseId: "DemoDatabase1 ",
5.     containerId: "Container1",
6.     partitionKey: { kind: "Hash", paths: ["/brand"] }
7. };
```

| 備註：第一行需使用 export 將 config 匯出供其他主程式匯入使用。

程式第 2 行設 Azure Cosmos DB 端點 URI 和第 3 行 key 您可以在 Azure 入口網站中 Cosmos DB 選單的索引鍵（Key）視窗中找到端點（URL）和主要金鑰（PRIMARY KEY）的詳細資料，如圖 4-31 所示：

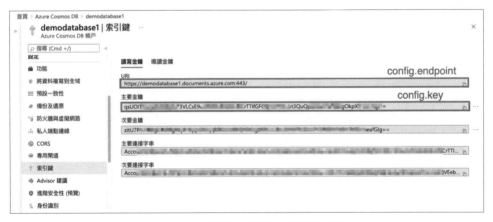

圖 4-31　取得讀寫端點 & 金鑰匙參數

將端端點（URL）和主要金鑰（PRIMARY KEY）的資訊複製並更新至程
式 config.ts 的對應屬性中。

STEP 5：編輯 **dbConnection.ts** 程式：

將下列程式碼複製到 **dbConnection.ts** 檔案中，程式碼第一行匯入
config.ts 程式中的 config 物件使用其屬性，程式碼第 2 行匯入 @azure/
cosmos 模組的 CosmosClient 類別，用來建立 Database、Container、
Items，程式碼第 7 行 create 方法用來防止，Database、Container、Items
不存在 Azure Cosmos DB 帳戶中。

```
1.  import { config } from "./config"
2.  import { CosmosClient } from "@azure/cosmos"
3.
4.  /*
5.  // 本程式用於建立 Database、Container、Items 如果它們尚未被建立的話
6.  */
7.  export const create = async (client: CosmosClient, databaseId:
    string, containerId: string) => {
8.      const partitionKey = config.partitionKey;
9.
10.     /**
11.      * Create the database if it does not exist
12.      */
13.     const databaseRes = await client.databases.createIfNotExists({
14.         id: databaseId
15.     });
16.     console.log(`Created database:\n${databaseRes.database.id}\n`);
17.
18.     /**
19.      * Create the container if it does not exist
```

```
20.       */
21.     const containerRes = await client
22.         .database(databaseId)
23.         .containers.createIfNotExists(
24.             { id: containerId, partitionKey },
25.             { offerThroughput: 400 }
26.         );
27.     console.log(`Created container:\n${containerRes.container.id}\n`);
28. }
```

STEP 6：編輯 **app.ts** 程式：

將下列程式碼複製到 **app.ts** 程式中，其中程式碼 1、2、3 行匯入 config.
ts 與 @azure/cosmos 模組與 dbConections.ts 程式、程式碼第 6 行為欲新
增的 Item 資料、透過程式碼第 49 行 container.items.create() 方法來新
增資料。程式碼第 62 行為欲更新的資料，透過程式碼第 72 行 container.
item(id, key).replace() 方法來更新資料，程式碼第 38 行使用 items.
query(querySpec).fetchAll() 方法，輸入 querySpec SQL 語法來查詢資料。
程式碼第 85 行透過 container.item(id, key).delete() 方法來刪除資料。

```
1.  import { config } from "./config"
2.  import { CosmosClient } from "@azure/cosmos"
3.  import * as dbConnection from "./dbConnection"
4.
5.  //   欲新增的新資料 (Item)
6.  const newItem = {
7.      id: "3",
8.      brand: "Porsche",
9.      name: "Taycan 4S",
10.     description: "4 門 4 人座 | 滿電續航 464KM",
11.     price: 4840000
```

```
12. }
13.
14. async function doCRUD() {
15.
16.     const client = new CosmosClient(
17.         {
18.             endpoint: config.endpoint,
19.             key: config.key
20.         }
21.     );
22.
23.     const database = client.database(config.databaseId);
24.     const container = database.container(config.containerId);
25.
26.     // Make sure Tasks database is already setup. If not, create it.
27.     await dbConnection.create(client, config.databaseId, config.
    containerId);
28.
29.     try {
30.         console.log(`Querying container: Items`);
31.
32.         // query to return all items
33.         const querySpec = {
34.             query: "SELECT * from c"
35.         };
36.
37.         // read all items in the Items container
38.         const { resources: items } = await container.items
39.             .query(querySpec)
40.             .fetchAll();
41.
42.         items.forEach(item => {
```

```
43.            console.log(`${item.id}: ${item.brand} ${item.name}`);
44.        });
45.
46.        /** Create new item
47.         * newItem is defined at the top of this file
48.         */
49.        const createdItem = await container.items.create(newItem).
    then(data => {
50.            if (data.resource) {
51.                const item = data.resource;
52.                console.log(`\r\nCreated new item ${item.id} -
    ${item.brand} ${item.name}\r\n`);
53.                return item;
54.            }
55.        });
56.
57.        /** Update item
58.         * Pull the id and partition key value from the newly
    created item.
59.         * Update the isComplete field to true.
60.         */
61.
62.        //  欲更新的資料 (Item)
63.        const updateItem = {
64.            id: "3",
65.            brand: "Porsche",
66.            name: "Taycan 4S",
67.            description: "4門4人座 | 滿電續航464KM",
68.            price: 4930000
69.        }
70.
71.        const updatedItem = await container
```

```
72.            .item(updateItem.id, updateItem.brand).replace
   (updateItem).then(data => {
73.                if (data.resource) {
74.                    const item = data.resource;
75.                    console.log(`Updated item: ${item.id} -
   ${item.brand} ${item.name}`);
76.                    console.log(`Updated price to ${item.price}\r\n`);
77.                    return item;
78.                }
79.            });
80.
81.        /**
82.         * Delete item
83.         * Pass the id and partition key value to delete the item
84.         */
85.        await container.item(newItem.id, newItem.brand).
   delete().then(data => {
86.            console.log(`Deleted item with id: ${newItem.id}`);
87.        });
88.
89.    } catch (e: any) {
90.        console.log(e.message);
91.    }
92. }
93.
94. doCRUD();
```

最後程式碼第 94 行執行程式碼第 14 行的 doCRUE() 方法來驗證測試，對
資料庫進行 CRUD 功能。

STEP 7：終端機執行 $ `ts-node app.ts`：

執行 app.ts 程式測試 CRUD 功能，可看見終端機輸出 console 成功查詢、
新增、更新、刪除資料如圖 4-32 所示：

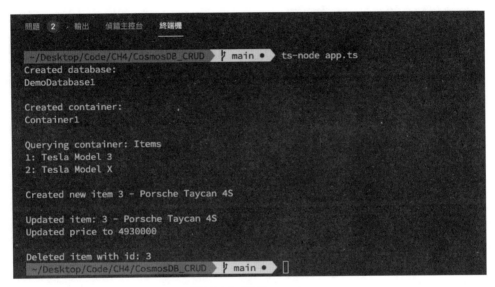

圖 4-32　執行 app.ts

4.7　開發 RESTful API 存取 Azure Cosmos DB

　　上節我們在本機專案練習使用 Azure Cosmos DB SDK 操作資料庫 CURD，本節將帶讀者將延伸該功能開發存取 Cosmos DB 資料的 RESTful API，還記得 Chapter 3 使用 Azure Functions 開發聊天機器人的 Webhook 嗎？如圖 4-33 所示 Azure Functions 處理聊天機器人的 Webhook Event，如果聊天機器人要存取資料庫資料只需在 Azure Functions 上部署幾隻 API 即可完成，使用 Azure Functions 可快速建置 Web 應用程式的 HTTP API。Azure Functions 是無伺服器服務，以處理 API 遭遇非預期流量激增的狀況。Azure Cosmos DB 是儲存非結構化和 JSON 資料的好方法。結合上述兩項優點 Cosmos DB 與 Azure Functions 結合，能夠輕鬆快速開發儲存資料 API，開發前我們先來了解什麼是 RESTful API 的設計風格。

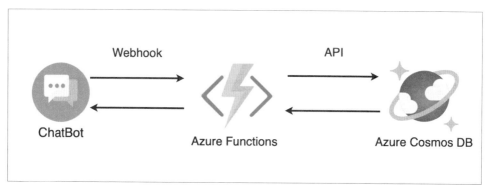

圖 4-33　ChatBot 存取 DB 架構

4.7.1 What is RESTful API?

RESTful 的 API 並不是指某種技術或者特殊的 API，而是一種 API 的設計風格，REST（全名：Representational State Transfer），代表一種網路架構設計風格，符合 REST 風格的 API 則稱為 RESTful API，舉本節範例來說，要對產品型錄資料進行 CRUD，可能會需要 4 隻 API：

1. **CreateProduct**：

   [GET, POST] http://localhost:8080/api/CreateProduct

2. **GetProduct**：

   [GET, POST] http://localhost:8080/api/GetProduct

3. **UpdateProduct**：

   [GET, POST] http://localhost:8080/api/UpdateProduct

4. **DeleteProduct**：

   [GET, POST] http://localhost:8080/api/DeleteProduct

可以看到每個對 Product 產品 CRUD 功能都是一隻獨立的 API，這並沒有什麼錯誤，但如果今天出現了另一類的產品 ProductA，一樣要對 ProductA 進行 CRUD 這時 API 將會擴充：

1. **CreateProductA**：

   [GET, POST] http://localhost:8080/api/CreateProductA

2. **GetProductA**：

   [GET, POST] http://localhost:8080/api/GetProductA

3. **UpdateProductA**：

   [GET, POST] http://localhost:8080/api/UpdateProductA

4. **DeleteProductA**：

[GET, POST] http://localhost:8080/api/DeleteProductA

依此類推，當產品類別越多時 API 將不斷擴充，造成管理困難，較佳的情況應是所有產品為同一類別的 API 透過 HTTP 請求方法來分辨進行何種邏輯操作，並透過變數來區分要 CURD 哪類的產品資料，照此種風格設計 API 的規格如下：

1. **CreateProductA**：

[POST] http://localhost:8080/api/product

2. **GetProductsA**：

[GET] http://localhost:8080/api/products/{id}

3. **UpdateProductA**：

[PUT] http://localhost:8080/api/product

4. **DeleteProductA**：

[DELETE] http://localhost:8080/api/product

這便是 RESTful API 的核心設計風格。

4.7.2 Azure Functions 建立 RESTful API 存取 Cosmos DB

本節將帶讀者使用 Azure Functions 建立 RESTful API 專案改寫上一小節範例程式，來對 Azure Cosmos DB 資料庫進行 CRUD 流程如下：

STEP 1：在終端機執行 $ `func init RestfulAPI--typescript` 指令。

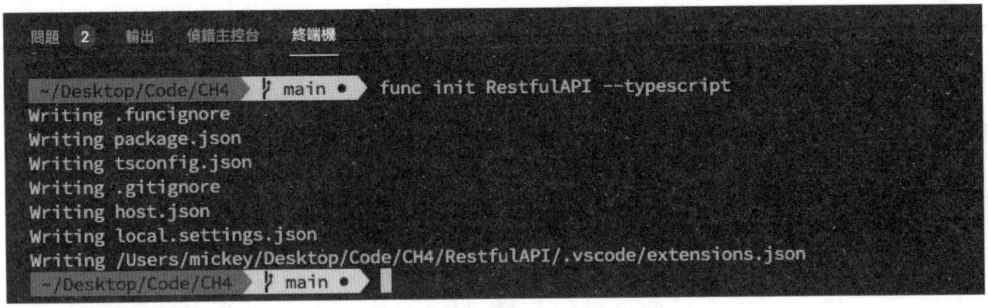

圖 4-34　建立 RestfulAPI 專案

STEP 2：終端機執行 $ `cd RestfulAPI` 進入專案資料夾。

STEP 3：進入專案資料夾後在終端機輸入執行：

$ `func new --name product --template "HTTP trigger"` 指令，建立 Azure Functions 函式。如圖 4-35 所示：

圖 4-35　建立 RestfulAPI 專案

STEP 4：終端機執行 $ npm install 安裝專案所需 Node.js 模組。

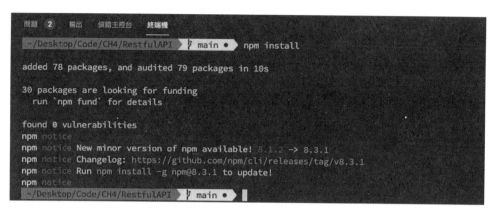

圖 4-36　安裝 Node.js 模組

STEP 5：終端機執行 $ npm install—save @azure/cosmos 安裝 @ azure/cosmos 模組。

圖 4-37　安裝 Node.js 模組

STEP 6：終端機輸入 `$touch config.ts`、`$touch Product.ts`、`$touch ProductService.ts` 建立 3 隻 typescript 程式分別為：

1. **config.ts**：CosmosDB 端點、金鑰、等連線資訊設定檔。

2. **Product.ts**：產品資料的物件 Model。

3. **ProductService.ts**：操作資料庫 CURD 業務邏輯。

此時的專案架構如圖 4-38 所示：

圖 4-38 專案架構

STEP 7：編輯 **config.ts** 程式：

將下列程式碼片段複製並貼到 config.ts 檔案中，Azure 入口網站中 Cosmos DB 選單的索引鍵（Key）視窗中找到對應程式第 2 行 endpoint 的端點（URL）和應程式第 3 行 key 的主要金鑰（PRIMARY KEY）複製並貼到對應欄位。

```
1. export const config = {
2.     endpoint: "<Your Azure Cosmos account URI>",
3.     key: "<Your Azure Cosmos account key>",
4.     databaseId: "DemoDatabase1 ",
```

```
5.     containerId: "Container1",
6.     partitionKey: { kind: "Hash", paths: ["/brand"] }
7. };
```

STEP 8：編輯 **Product.ts** 程式，新增產品 Product Model

```
1. export interface ProductInterface {
2.     id: string,
3.     brand: string,
4.     name: string,
5.     description: string,
6.     price: number
7. }
8.
9. export class Product implements ProductInterface{
10.    id: string
11.    brand: string
12.    name: string
13.    description: string
14.    price: number
15.
16.    constructor() {}
17. }
```

STEP 9：編輯 **ProductService.ts** 程式：

將下列程式複製到 ProductService.ts 處理對資料庫進行 CRUD 業務。

```
1. import { config } from "./config"
2. import { Product } from "./Product";
3. import { CosmosClient } from "@azure/cosmos"
```

```
4.
5. const client = new CosmosClient(
6.     {
7.         endpoint: config.endpoint,
8.         key: config.key
9.     }
10.);
11.
12.const database = client.database(config.databaseId);
13.const container = database.container(config.containerId);
14.
15./** Create new item*/
16.export const createProduct = async (product: Product):
   Promise<any> => {
17.     return await container.items.create(product).then(data => {
18.         if (data.resource) {
19.             const item = data.resource;
20.             console.log(`\r\nCreated new item ${item.id} - ${item.
   brand} ${item.name}\r\n`);
21.         }
22.     });
23.}
24.
25./** Read items in the Items container*/
26.export const readProduct = async (id: string): Promise<any> => {
27.     let queryString = "";
28.
29.     if(id!=null) {
30.         queryString = `SELECT * from c WHERE c.id = '${id}'`
31.     } else {
32.         queryString = "SELECT * from c"
33.     }
34.     const querySpec = {
```

```
35.        query: queryString
36.    };
37.
38.    const { resources: items } = await container.items
39.        .query(querySpec)
40.        .fetchAll();
41.
42.    items.forEach(item => {
43.        console.log(`${item.id}: ${item.brand} ${item.name}`);
44.    });
45.    return items;
46. }
47.
48. /** Update item */
49. export const updateProduct = async (product: Product):
    Promise<any> => {
50.    return await container.item(product.id, product.brand).
    replace(product).then(data => {
51.        if (data.resource) {
52.            const item = data.resource;
53.            console.log(`Updated item: ${item.id} - ${item.brand}
    ${item.name}`);
54.            console.log(`Updated price to ${item.price}\r\n`);
55.        }
56.    });
57. }
58.
59. /** Delete item */
60. export const deleteProduct = async (product: Product) => {
61.    return await container.item(product.id, product.brand).
    delete().then(data => {
62.        console.log(`Deleted item with id: ${product.id}`);
```

```
63.    });
64. }
```

STEP 10：改寫模板建立出來的 **index.ts** 程式。

將 httpTrigger 函式改寫成 RESTFul API 的風格，如下程式：

```
1. import { AzureFunction, Context, HttpRequest } from "@azure/
   functions"
2. import { Product } from "./Product";
3. import * as productService from "./productService"
4.
5. const httpTrigger: AzureFunction = async function (context:
   Context, req: HttpRequest): Promise<void> {
6.     let result = null;
7.     const method = req.method;
8.     switch (method) {
9.         case "GET":
10.            const id = req.query.id;
11.            result = await productService.readProduct(id);
12.            break;
13.        case "POST":
14.            const newItem = req.body as Product;
15.            await productService.createProduct(newItem);
16.            result = "Product 新增成功 "
17.            break;
18.        case "PUT":
19.            const updateItem = req.body as Product;
20.            await productService.updateProduct(updateItem);
21.            result = "Product 修改成功 "
22.            break;
```

```
23.          case "DELETE":
24.              const deleteItem = req.body as Product;
25.              await productService.deleteProduct(deleteItem);
26.              result = "Product 刪除成功"
27.              break;
28.          default:
29.              break;
30.      }
31.
32.      context.res = {
33.          body: result
34.      };
35.
36. };
37.
38. export default httpTrigger;
39.
```

STEP 11：修改 **functions.json** 設定。

由於本示例使用 httpTrigger 腳本建立函式，預設的 functions.json 設定 API
只支援 [get, post] 2 種 HTTP 請求方法，將 **functions.json** 的 methods
屬性加上 put、delete 設定值以符合 RESTful API 的設計需求如下程式
所示：

```
1. {
2.      "bindings": [
3.          {
4.              "authLevel": "function",
5.              "type": "httpTrigger",
6.              "direction": "in",
```

```
7.            "name": "req",
8.            "methods": [
9.                "get",
10.               "post",
11.               "put",
12.               "delete"
13.            ]
14.        },
15.        {
16.          "type": "http",
17.          "direction": "out",
18.          "name": "res"
19.        }
20.    ],
21.    "scriptFile": "../dist/product/index.js"
22.}
```

4.7.3 測試 RESTful API?

開發完成後現在開始測試 RESTful API 流程如下：

在終端機執行 $ `npm start` 指令，啟動 Azure Functions 專案如圖 4-39。

圖 4-39 npm start 啟動專案

啟動完成後，如圖 4-40 函式已啟動成功且監聽在本機的 7071port 上，可看到終端機結尾處該函式端點為：http://localhost:7071/api/product。

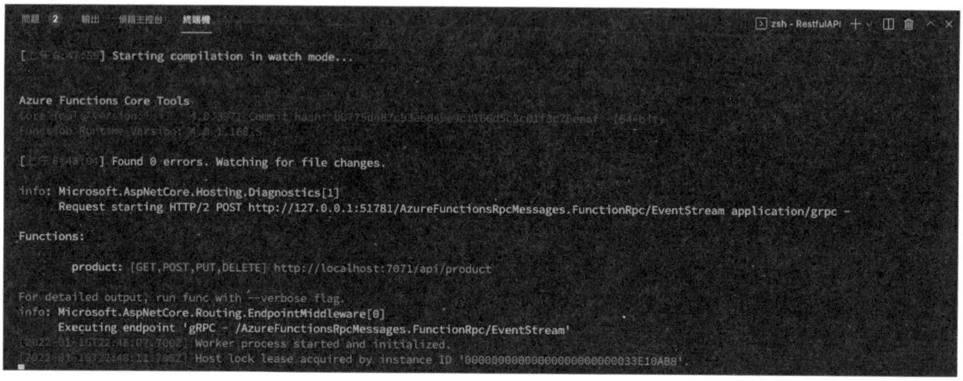

圖 4-40　啟動專案完成畫面

現在可以開啟 Postman 工具透過修改請求 method 與參數來測試 RESTful 風格的 API。

CreateProduct：[POST] http://localhost:7071/api/product

測試新增 Product 開啟 Postman 工具在 Body 輸入欲新增的資料 JSON 如下：

```
1.  {
2.      "id": "3",
3.      "brand": "Porsche",
4.      "name": "Taycan 4S",
5.      "description": "4 門 4 人座 ｜ 滿電續航 464KM",
6.      "price": 4840000
7.  }
```

設定端點為與請求方法為 POST 如圖 4-41 所示。

圖 4-41　RESTful Create 請求

送出請求成功後回到 Azure 入口網站進入 Cosmos DB 檔案總管可看見新增的資料如圖 4-42 所示：

圖 4-42　檔案總管確認資料

GetProducts：[GET] http://localhost:7071/api/product/{id}

將 Postman 工具請求方法改為 GET，輸入端點送出請求如圖 4-43 所示：回應所有 Product 產品資料。

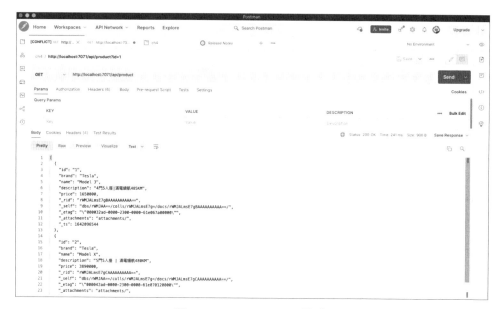

圖 4-43 RESTful Get 請求

在端點後加上 query parms 再發請求圖 4-44 所示：只回應所有 product.id 符合 query parms 產品資料。

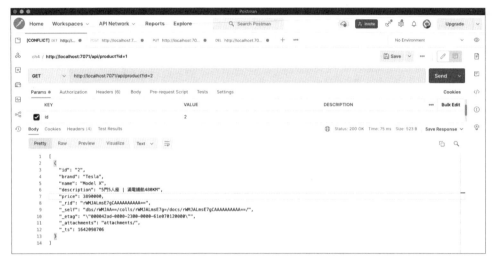

圖 4-44　RESTful Get by query 請求

UpdateProduct：[PUT] http://localhost:7071/api/product

測試更新 Product 開啟 Postman 工具在 Body 輸入欲更新的資料 JSON 如下：

```
8.  {
9.      "id": "3",
10.     "brand": "Porsche",
11.     "name": "Taycan 4S",
12.     "description": "4門4人座 | 滿電續航464KM",
13.     "price": 4930000
14. }
```

設定端點為與請求方法為 PUT 如圖 4-45 所示。

圖 4-45　RESTful PUT 請求

送出請求成功後回到 Azure 入口網站，進入 Cosmos DB 檔案總管可看原資料的價格 price 欄位已被更新如圖 4-46 所示：

圖 4-46　檔案總管確認資料

DeleteProduct：[DELETE] http://localhost:7071/api/product

測試刪除 Product 開啟 Postman 工具，在 Body 輸入欲刪除的資料 JSON 如下：

```
15.{
16.    "id": "3",
17.    "brand": "Porsche",
18.    "name": "Taycan 4S",
19.    "description": "4門4人座 | 滿電續航464KM",
20.    "price": 4930000
21.}
```

設定端點為與請求方法為 DELETE 如圖 4-47 所示。

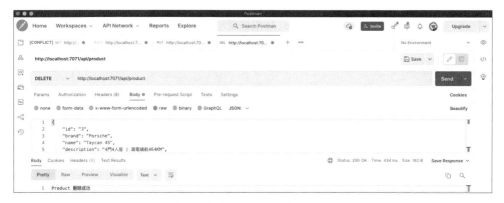

圖 4-47　RESTful Delete 請求

　　送出請求成功後回到 Cosmos DB 檔案總管可看原資料已被刪除如圖 4-48
所示：

圖 4-48　檔案總管確認資料

5

資料緩存服務
Azure Cache for Redis

>> 了解 Redis Cache 與 Azure Cache for Redis 概念

>> 了解資料緩存的概念與重要性

>> 學習使用 Node.js 操作 Azure Cache for Redis

>> 使用 Azure 建立 Redis Cache 緩存資料

5.1 Azure Cache for Redis

　　Azure Cache for Redis 在 Azure 雲端平台上提供 Redis 開放源碼的完整託管服務如圖 5-1 所示，可建立 Redis 伺服器執行個體並相容完整的 Redis API 並裝載在 Azure 雲平台上可提供外部的應用程式使用緩存資料服務，Azure Cache for Redis 除獨立部署也可以將它與其他 Azure 資料庫服務一起部署，例如 Azure SQL 或 Cosmos DB。Azure Cache for Redis 會根據 Redis 軟體提供記憶體中的資料存放區，改善使用後端資料存放區之應用程式的效能和擴充性。將經常存取的資料保存在伺服器記憶體中，來平衡大量的應用程式的請求，可以快速存取資料。

　　Redis 將重要的低延遲和高輸送量資料儲存解決方案帶入到現代化的應用程式，開發者可以選擇不同方案（Basic, Standard or Premium）和容量的 Azure Cache for Redis，選擇符合應用程式的效能需求執行個體開始著手進行開發。本節會帶您在 Azure 平台上建立 Redis 快取服務，並整入上一章節使用 Azure Cosmos DB 開發的 RESTful API 中快取資料。

圖 5-1　Azure Cache for Redis

5.1.1 What is Redis Cache?

Redis 本身是一個開源的內存記憶體的數據儲存庫，常用來作為資料庫、緩存伺服器、訊息代理等應用場景，儲存的資料支援字串、雜湊（hash）、列表（list）、集合（sets）等，也可透過 Redis Sentinel 和 Redis Cluster 建立高可用性架構快取服務可以減輕許多後端資料庫的請求。並且支援多數的 Client Library 如下圖 5-2 所示：

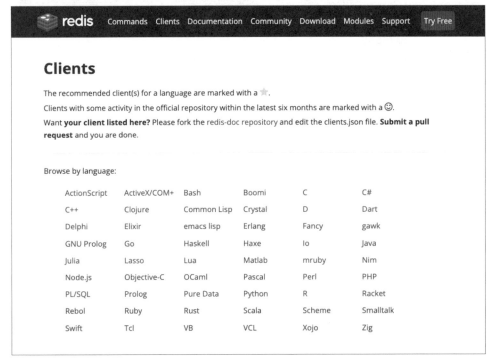

圖 5-2 Redis Client Library

5.1.2 本機安裝 Redis Cache

如不使用 Azure 雲平台，我們也可以自行安裝下載 Redis 在本機建構並執行 Redis Server 來緩存資料。Redis 可以透過多種方式進行安裝如圖 5-3 所示：

下載網址：https://redis.io/download。

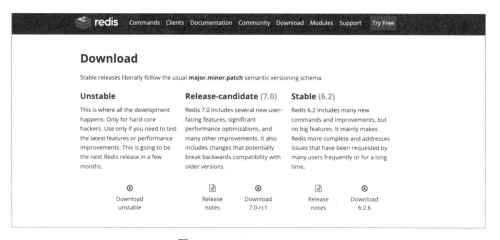

圖 5-3 Redis Download

以 macOS 系統安裝 Redis 為例，透過 Homebrew 套件安裝 Redis 非常簡單，安裝流程如下：

STEP 1：請在終端機輸入 $ brew install redis。

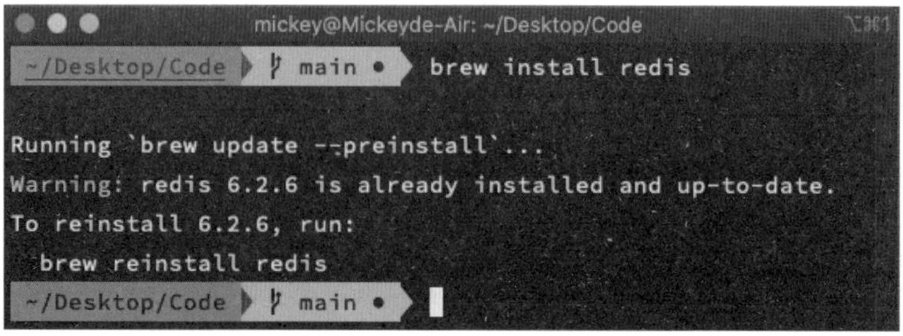

圖 5-4 Redis Download

STEP 2：在終端機輸入 $ `redis-server` 如下圖 5-5：

安裝 Redis 成功後，輸入 redis-server 可啟用 Redis Server。

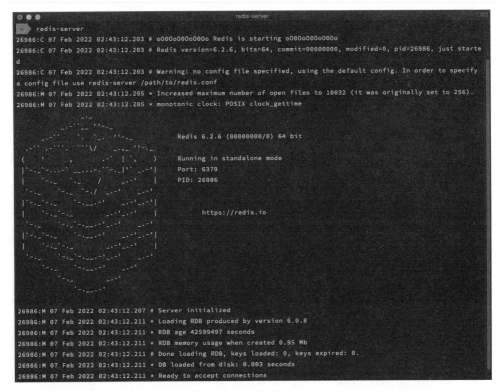

圖 5-5 redis-server

5.2 Why Azure Cache for Redis?

在上一章我們使用 Cosmos DB 來存取貨品資料，但貨品資訊更新的頻率並不高，有可能一個月甚至一季更新一次，如果每次請求都從 Cosmos DB 查詢資料，則每次都需要下 SQL API 對資料庫來說是很重的負載，如果資料不會隨時改變，那短時間內的請求如果我們可以將資料緩存起來，重複的查詢只需從緩存記憶體取資料，則不須每次都從資料庫搜尋，因此本節範例將會使用 Azure Cache for Redis 服務來快取資料。但既然 Redis 是一開源軟體且可以在本機執行 Redis Server，那為什麼我們還需要使用 Azure Cache for Redis 雲服務代理呢？試想上一小節我們在本地端啟用 Redis Server，如不想自行管理機器資源，維護機器健康等麻煩問題，今天本地的 Redis 關閉則快取服務便無法使用，因此本書使用 Azure 提供的緩存服務來部署託管 Redis Server，讓 Azure 雲端來解決這些問題，而不需要自己管理 Redis Server。

5.3　建置 Azure Cache for Redis

　　Azure Cache for Redis 會在 Azure 雲端平台上提供開源 Redis 的完整託管服務。開發者可以選擇不同方案（Basic, Standard or Premium）和容量的 Azure Cache for Redis，根據應用程式的效能需求配置執行個體開始著手開發。本節將說明如何使用 Azure 入口網站來建立 Azure Cache for Redis。

STEP 1：登入 Microsoft Azure 入口網站，搜尋 **[Azure Cache for Redis]**。

圖 5-6　Azure 入口網站搜尋搜尋 Redis

STEP 2：進入 Azure Cache for Redis 服務頁面後，點選 **[建立 Redis 快取]**。

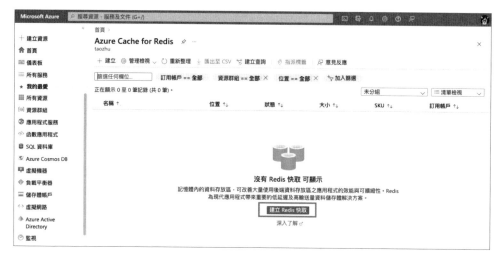

圖 5-7 建立 Redis 快取

STEP 3：設定參數，填寫後點選 **[檢閱 + 建立]**。

圖 5-8 設定 Redis 快取

備註：選擇資源群組，設定 DNS 名稱、定價層選擇最小的基本 C0（250MB）方案用來測試即可。

STEP 4：確認設定參數後點選 [建立]。

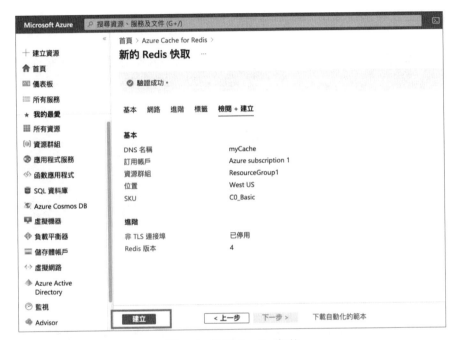

圖 5-9 檢視 Redis 參數

部署 Redis Cache Server 畫面如圖 5-10 所示，此步驟須等待 15-20 分鐘，可以點選前往資源您在 Azure Cache for Redis 的 [概觀] 頁面上監視進度。當 [狀態] 顯示為 [執行中] 時，表示快取已可供使用。

圖 5-10 Redis 部署完成

5.3.1 本機操作 Azure Cache for Redis

本節將帶您練習在本機使用 Node.js 操作 Azure Cache for Redis，以便後續可從前一章節建立的 RESTful API 來從緩存資料。

STEP 1：在專案目錄中，終端機輸入 $npm init 建立 Node.js 專案。

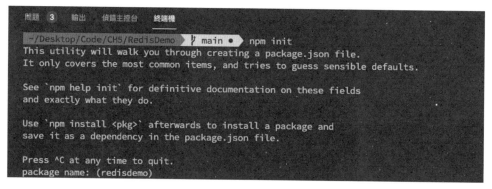

圖 5-11　建立 Node.js 專案

STEP 2：終端機輸入 $touch redis.ts 目前的專案結構如下。

圖 5-12　專案程式架構

STEP 3：終端機輸入 $npm install --save redis 安裝 redis Node. js 模組。

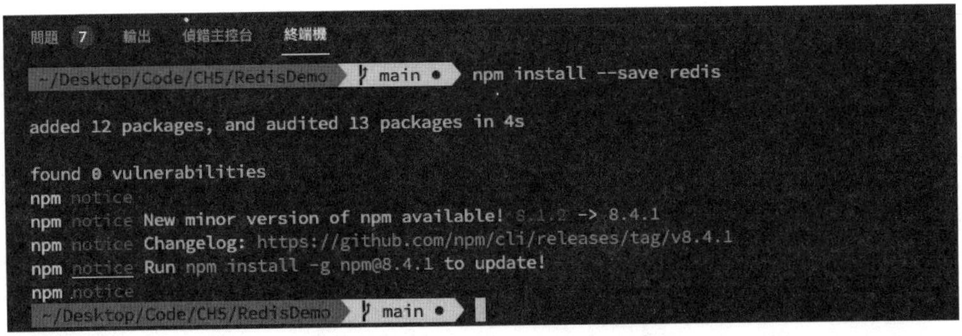

圖 5-13 安裝 redis Node.js 模組

STEP 4：編輯 redis.ts 程式。將下列程式碼片段複製並貼到 redis.ts 檔案中。

```
1.  const redis = require("redis");
2.  const bluebird = require("bluebird");
3.
4.  const REDISCACHEHOSTNAME = '<YOUR_AZURE_REDIS_REDISCACHEHOSTNAME>'
5.  const REDISCACHEKEY = '<YOUR_AZURE_REDIS_REDISCACHEKEY>'
6.
7.  bluebird.promisifyAll(redis.RedisClient.prototype);
8.  bluebird.promisifyAll(redis.Multi.prototype);
9.
10. async function testCache() {
11.     // Connect to the Azure Cache for Redis over the TLS port
    using the key.
12.     const cacheConnection = redis.createClient(6380,
    REDISCACHEHOSTNAME,
13.         { auth_pass: REDISCACHEKEY, tls: { servername:
    REDISCACHEHOSTNAME } });
14.
```

```
15.    // Perform cache operations using the cache connection
   object...
16.
17.    // Simple PING command
18.    console.log("\nCache command: PING");
19.    console.log("Cache response : " + await cacheConnection.
   pingAsync());
20.
21.    // Simple get and put of integral data types into the cache
22.    console.log("\nCache command: GET Message");
23.    console.log("Cache response : " + await cacheConnection.
   getAsync("Message"));
24.
25.    console.log("\nCache command: SET Message");
26.    console.log("Cache response : " + await cacheConnection.
   setAsync("Message",
27.        "Hello! The cache is working from Node.js!"));
28.
29.    // Demonstrate "SET Message" executed as expected...
30.    console.log("\nCache command: GET Message");
31.    console.log("Cache response : " + await cacheConnection.
   getAsync("Message"));
32.
33.    // Get the client list, useful to see if connection list is
   growing...
34.    console.log("\nCache command: CLIENT LIST");
35.    console.log("Cache response : " + await cacheConnection.
   clientAsync("LIST"));
36.}
```

程式碼第 4 行 **REDISCACHEHOSTNAME**（主機名稱）可在**屬性**頁面找到。

圖 5-14　安裝 redis Node.js 模組

程式碼第 5 行 **REDISCACHEKEY**（存取金鑰）可在**存取金鑰**頁面找到如。

圖 5-15　安裝 redis Node.js 模組

STEP 5：在終端機輸入 $ts-node redis.ts 執行程式。

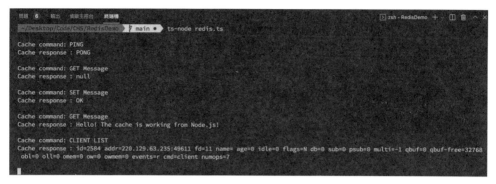

圖 5-16 執行 redis.ts 程式

執行成功後可看見 console 畫面成功從 Azure Cache for Redis 緩存資料。

5.4　使用 Azure Cache for Redis 緩存資料

本節將帶您改寫章節 4.7 開發的 RESTful API，使用 Azure Cache for Redis 緩存查詢 Cosmos DB 的資料以降低資料庫負載。流程如下：

事前準備：

1. 需完成 4.5 章建立 Azure Cosmos DB 資料庫。

2. 需完成 4.7 章使用 Azure Functions 與 Cosmos DB 開發 API。

3. 了解 5.3.1 章使用 Node.js 操作 Redis。

STEP 1：仿照章節 4.7.2 建立 RESTful API 專案。

1. 終端機執行 $ `func init CacheRestfulAPI --typescript` 指令。

2. 進入專案資料夾後在終端機輸入執行 $ `func new --name product --template "HTTP trigger"` 指令，建立 Azure Functions 函式。

3. 終端機執行 $ `npm install` 安裝專案所需 Node.js 模組。

4. 終端機執行 $ `npm install --save @azure/cosmos` 安裝模組。

5. 終端機輸入 $`touch config.ts`、$`touch Product.ts`、$`touch ProductService.ts` 建立 3 隻 typescript 程式。

此時的專案架構如圖 5-17 所示：

圖 5-17　專案架構

備註：詳細的操作說明與圖示請參考章節 4.7.2

STEP 2：終端機執行 $ npm install --save redis 安裝 redis 模組。

STEP 3：終端機執行 $ touch cache.ts 建立處理緩存邏輯程式。

STEP 4：**編輯 config.ts**，加入 9~11 行 REDIS 連線參數。

```
1. export const config = {
2.     endpoint: "<Your Azure Cosmos account URI>",
3.     key: "<Your Azure Cosmos account key>",
4.     databaseId: "DemoDatabase1 ",
5.     containerId: "Container1",
6.     partitionKey: { kind: "Hash", paths: ["/brand"] }
7. };
8.
9. export const REDIS = {
10.    REDISCACHEHOSTNAME: '<YOUR_AZURE_REDIS_REDISCACHEHOSTNAME>',
11.    REDISCACHEKEY: '<YOUR_AZURE_REDIS_REDISCACHEKEY>'
12. }
```

STEP 5：編輯 config.ts 程式，加入 9~11 行 REDIS 連線參數。

STEP 6：編輯 cache.ts 程式。

將下列程式碼片段複製並貼到 cache.ts 檔案中，程式碼第三行匯入 REDIS 參數，程式碼第 11 行用來將資料寫入緩存記憶體，程式碼第 16 行用來從緩存記憶體查詢資料。

```
1.  const redis = require("redis");
2.  const bluebird = require("bluebird");
3.  import { REDIS } from './config'
4.
5.  bluebird.promisifyAll(redis.RedisClient.prototype);
6.  bluebird.promisifyAll(redis.Multi.prototype);
7.
8.  const cacheConnection = redis.createClient(6380, REDIS.
    REDISCACHEHOSTNAME,
9.      { auth_pass: REDIS.REDISCACHEKEY, tls: { servername: REDIS.
    REDISCACHEHOSTNAME } });
10.
11. export const setProduct =  async(key: string ,maskSnapshot: any) => {
12.     console.log("\nCache command: SET Message");
13.     cacheConnection.setAsync(key, JSON.stringify(maskSnapshot));
14. }
15.
16. export const getProduct = async (key: string) => {
17.     console.log("\nCache command: GET Message");
18.     const masCache = await cacheConnection.getAsync(key)
19.     return JSON.parse(masCache)
20. }
```

STEP 7：修改 **ProductService.ts** 程式。

程式碼第 4 行引入 Cache.ts 程式，修改程式碼 readProdct() 方法搜尋資料業務邏輯。將下列程式複製到 **ProductService.ts** 檔案中。

```
1.  import { config } from "./config"
2.  import { Product } from "./Product";
3.  import { CosmosClient } from "@azure/cosmos"
4.  import * as Cache from './cache'
```

```
5.  import { context } from "@azure/core-tracing";
6.
7.  const client = new CosmosClient(
8.      {
9.          endpoint: config.endpoint,
10.         key: config.key
11.     }
12. );
13.
14. const database = client.database(config.databaseId);
15. const container = database.container(config.containerId);
16.
17. /** Create new item*/
18. export const createProduct = async (product: Product):
    Promise<any> => {
19.     return await container.items.create(product).then(data => {
20.         if (data.resource) {
21.             const item = data.resource;
22.             console.log(`\r\nCreated new item ${item.id} - ${item.
    brand} ${item.name}\r\n`);
23.         }
24.     });
25. }
26.
27. /** Read items in the Items container*/
28. export const readProduct = async (id: string): Promise<any> => {
29.     let queryString = "";
30.
31.     if (id != null) {
32.         queryString = `SELECT * from c WHERE c.id = '${id}'`
33.     } else {
34.         queryString = "SELECT * from c"
35.     }
```

```
36.
37.    const querySpec = {
38.        query: queryString
39.    };
40.
41.    if (await Cache.getProduct(id)) {
42.        return Cache.getProduct(id)
43.    } else {
44.        const { resources: items } = await container.items
45.        .query(querySpec)
46.        .fetchAll();
47.        items.forEach(item => {
48.            console.log(`${item.id}: ${item.brand} ${item.name}`);
49.        });
50.        Cache.setProduct(id, items)
51.        return items;
52.    }
53. }
54.
55. /** Update item */
56. export const updateProduct = async (product: Product):
    Promise<any> => {
57.    return await container.item(product.id, product.brand).
    replace(product).then(data => {
58.        if (data.resource) {
59.            const item = data.resource;
60.            console.log(`Updated item: ${item.id} - ${item.brand}
    ${item.name}`);
61.            console.log(`Updated price to ${item.price}\r\n`);
62.        }
63.    });
64. }
65.
```

```
66./** Delete item */
67.export const deleteProduct = async (product: Product) => {
68.    return await container.item(product.id, product.brand).
  delete().then(data => {
69.        console.log(`Deleted item with id: ${product.id}`);
70.    });
71.}
72.
```

　與原專案邏輯差別在於程式碼第 41~52 行，修改程式碼如果 Redis Cache 沒有資料，則從資料庫搜尋後存入 Cache，下次相同的請求便可從 Cache 存取資料如流程圖 5-18 所示。

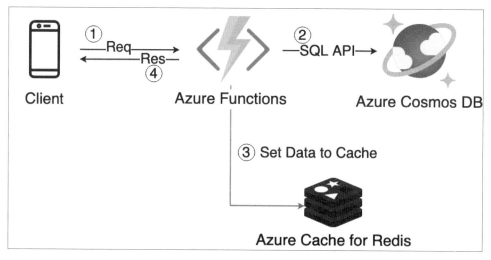

圖 5-18 資料存取流程（DB）

如果 Redis Cache 已經有資料則從 Cache 存取資料而不從資料庫搜尋如流程圖 5-19 所示。

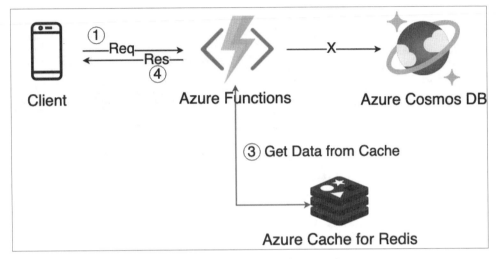

圖 5-19　資料存取流程（Cache）

此時的專案架構如圖 5-20 所示：

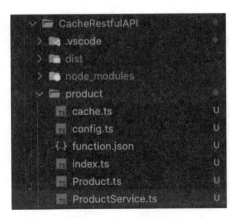

圖 5-20　專案架構

STEP 8：在終端機執行 $ npm start 指令，啟動 Azure Functions 專案。

圖 5-21　npm start 啟動專案

STEP 9：開啟 Postman 工具測試 API 快取資料。

第一次請求 api 從 Cosmos DB 搜尋資料如圖 5-22 所示，可以觀察終端機執行 Azure Functions 專案，確認過 Redis Cache 無資料後，才透過 SQL API 從資料庫搜尋。

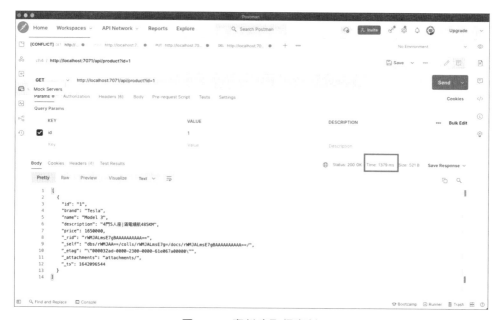

圖 5-22　資料庫取得資料

　　第二次請求 API 從 Azure Cache for Redis 取得資料結果與第一次請求相同，可觀察請求時間從資料庫與從 Cache 取得響應會有時間明顯不同。

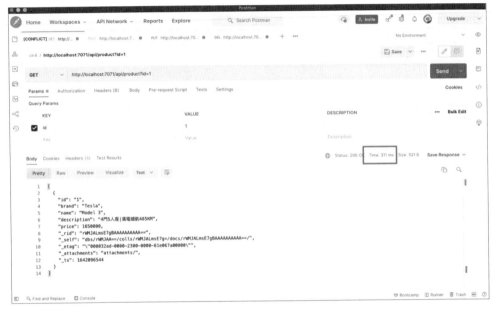

圖 5-23　緩存取得資料

Note

6

服務匯流排
Azure Service Bus

➤➤ 了解 Azure Service Bus 如何傳遞訊息

➤➤ 了解 Queues 與 Topics 傳訊方式差異

➤➤ 學習建立並使用 Queues 傳送接收訊息

➤➤ 學習建立 Topics，並使用發佈 / 訂閱模式傳訊

6.1 Azure Service Bus

Azure Service Bus 服務匯流排是一個訊息代理的 PaaS（平台即服務）如圖 6-1 所示，訊息代理服務的傳訊方式與 HTTP 請求不同，通常使用訊息佇列（Queues）與發佈 / 訂閱主題（Topics）的方式傳訊，可以用來分離應用程式與後端服務，應用程式與後端服務之間不會直接通訊，這麼做主要有幾個好處：

1. 將應用程式和後端服務解耦，要新增或刪除系統時不需額外開發程式。

2. 確保重要資料不會因為通訊失敗而丟失，如信件通知。

3. 自動調節負載平衡，而使流量尖峰不會導致服務的負擔過度。

除了 Azure Service Bus 市面上還有其他常見的訊息代理產品例如：Apache ActiveMQ、IBM WebSphere MQ.. 等，如果您曾使用過這些產品進行開發那對 Azure Service Bus 服務匯流排的概念應能快速理解上手，如沒使用過也沒關係，後續的章節將會對使用 Azure Service Bus 進行傳訊的方式詳細說明，主要的差異在於開發者只需擁有 Azure 平台帳號租用即可使用服務匯流排，無須花費其他成本處理，建立消息代理服務的伺服器硬體管理、資料移轉等問題。

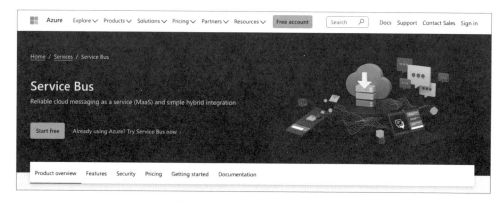

圖 6-1 Azure Service Bus

6.2　**Why Azure Service Bus?**

聊天機器人需處理大量的訊息交談與通知，舉例來說一個電商聊天機器人，當使用者從官方帳號下單，店家後台會收到這些訂單，使用者這時會收到付款完成及店家已收到訂單的通知訊息，店家處理這些訂單的，並開始配送物流，物流抵達超取貨地點時等待提貨，不同階段訂單的更新資訊會透過聊天機器人傳送通知到使用者，以及更新店家的資料庫，這些訂單狀態資料對於使用者，以及店家來說都是完成交易過程不可缺失的流程，缺少一條資料對使用者及店家都是很大的困擾，一筆交易的完成關係到非常多的系統是否運行正常如用戶端應用程式、店家資料庫、物流公司資料庫、銀行或第三方支付金流等，為確保資料在傳送或者寫資料庫時不丟失就可以使用 Azure Service Bus 訊息代理服務解決在尖峰使用時段避免系統遇到鎖死例外狀況和超時的狀況。此外同一店家可能不只和一間物流或金流服務串接，這時 Azure Service Bus 解耦應用程式與服務的特性可使開發者輕鬆透過共同的介面串接但不需開發過多的程式。

6.2.1　**Message vs Event**

Azure 雲端平台，提供的訊息代理服務不只有 Azure Service Bus，總共提供 3 個訊息代理服務：

1. Azure Event Grid。

2. Azure Event Hubs。

3. Azure Service Bus。

與 Azure Service Bus 不同的是 Azure Event Grid 與 Azure Event Hubs 是用來傳遞事件訊息，雖然概念上相似，事件的服務和傳遞訊息的服務還是有區別，開發聊天機器人或任何應用程式，應該先分析需求應用場景，了解傳遞訊息（Message）或事件（Event）之間的差異，設計應用程式架構時才能針對每個服務選擇適合的 Azure 訊息服務。

6.2.2　What is Message?

訊息（Message）具有下列特性：

1. 訊息包含某個服務所產生的未經處理資料，可供另一個服務使用。

2. 訊息包含資料本身內容資訊。

3. 發訊者會預期回訊者處理訊息內容後以特定方式回訊。

這些特性可能非常抽象，舉例來說使用者在 LINE 官方帳號，輸入了 GPS 定位座標，後端服務除了收到訊息的 Webhook JSON 資料通知收到了一筆座外，JSON 資料中也包含實際的座標經緯度，回應的 Reply Token 並預期聊天機器人會回應座標附近最接近的店家資訊，這便是一個訊息的範例。

6.2.3　What is Event?

事件（Event）比訊息（Message）更為精簡，事件具有下列特性：事件只是狀況或狀態變更的通知，事件發佈者不會預期接收者所採取的動作，接收者是否要處理事件由自身業務邏輯決定。舉例來說當新的用戶關注 LINE 官方帳號，後端服務收到的關注的 Webhook Event 的 JSON 資料，將資料寫入資料庫並回應歡迎訊息，通知用戶已加入 LINE 官方帳號，但並不包含存入資料庫的用戶個人資料，這便是一個事件的範例。

6.2.4　開發聊天機器人選擇 Message 或 Event？

其實開發聊天機器人，以 Chapter2 說明的 LINE Messaging API 來看，LINE Platform 已經將使用者的輸入或操作包裝成各類 Webhook Event 不需要

第三方的事件管理服務來處理 Webhook Event，這些 Webhook Event 的 JSON
資料中又包含訊息本身的資訊，且多數的使用場景用戶輸入訊息的出發點大
多是預期會得到特定的結果這都符合訊息（Message）的特性，總不會希望輸
入一條訊息結果聊天機器人回應：收到了！這類沒有意義的對話，因此本節
將帶讀者練習使用 Azure Service Bus 來處理聊天機器人的訊息通知。

6.3 Azure Service Bus 傳遞訊息方式

在 Azure Service Bus 服務中資料會使用訊息（Message）在不同的應用程式和服務之間傳遞。訊息中的資料支援使用諸多格式編碼的結構化資料，來傳遞如下列格式：JSON、XML、Apache Avro、純文字……等。Azure Service Bus 服務匯流排可以使用二種不同方式來傳遞訊息：

1. Queues（佇列）。

2. Topics（主題）。

6.3.1 Queues（佇列）

Queues 可用來接收與發送訊息。 在 Receiver 接收者應用程式有能力接收並處理訊息之前，佇列會照順序儲存訊息。Receiver 接收者會「提取（Pull）」的方式來取用儲存在佇列的訊息，如果有多個 Receiver 接收者，佇列會採取 FIFO（First In, First Out）先進先出的訊息傳遞機制。Receiver 接收者通常會依順序將訊息新增至佇列等待 Receiver 接收者來接收和處理訊息，且只有一個訊息接收者會接收和處理每個訊息，由於訊息會永久儲存在訊息的 Sender 傳送者和 Receiver 接收者需要同時處理訊息。Queues 傳遞訊息的方式如下圖 6-2 所示：

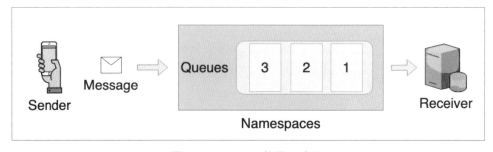

圖 6-2 Queues 傳訊示意圖

6.3.2 Topics（主題）

　　使用 Topics 來收送訊息。 與 Queues 不同的是佇列可以用於 1 對 1 的通訊案例，Topics 傳遞訊息的方式如下圖 6-3 所示：使用 Publisher（發佈者）/ Subscriber（訂閱者）的方式提供一對多的通訊架構。每個已發佈的訊息都會提供給每個已訂閱 Topics 的 Subscription（訂用帳戶）。 Publisher 會將訊息傳送至 Topics，而 Subscription 會收到訊息的複本。

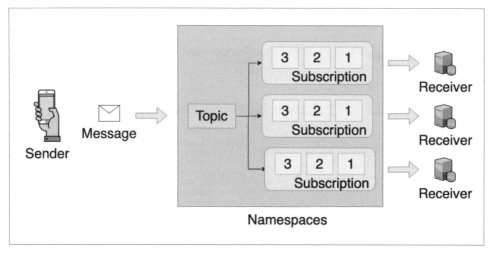

圖 6-3　Topics 傳訊示意圖

　　Namespaces（命名空間）是所有訊息 Topics & Queues 的容器，多個 Topics 和佇列 Queues 可以位於單一 Namespaces 中。下節開始將帶讀者可以使用 CLI 或 Azure 入口網站來建立 Queues、Topics 和 Subscription。

6.4 建立 Azure Service Bus Queues

本節會說明如何使用 Azure CLI 與 Azure 入口網站來建立服務匯流排的 Namespaces 和 Queues，同時學習使用佇列來傳訊。

事前準備：

1. 擁有 Azure 帳號

2. 安裝 Azure CLI 2.3 版或更新版本

3. 安裝 Node.js 14 版以上和 TypeScript 環境

6.4.1 使用 CLI 建立 Azure Service Bus Queues

本節將帶您使用 CLI 來建立 Queues 收發訊息步驟如下：

STEP 1：如尚未登入 Azure，請在終端機輸入 $ az login 登入 Azure 平台輸入後照著登入指示，轉導 Azure 入口網站登入您的帳號後將畫面切回終端機看見圖 6-4 畫面即登入成功。

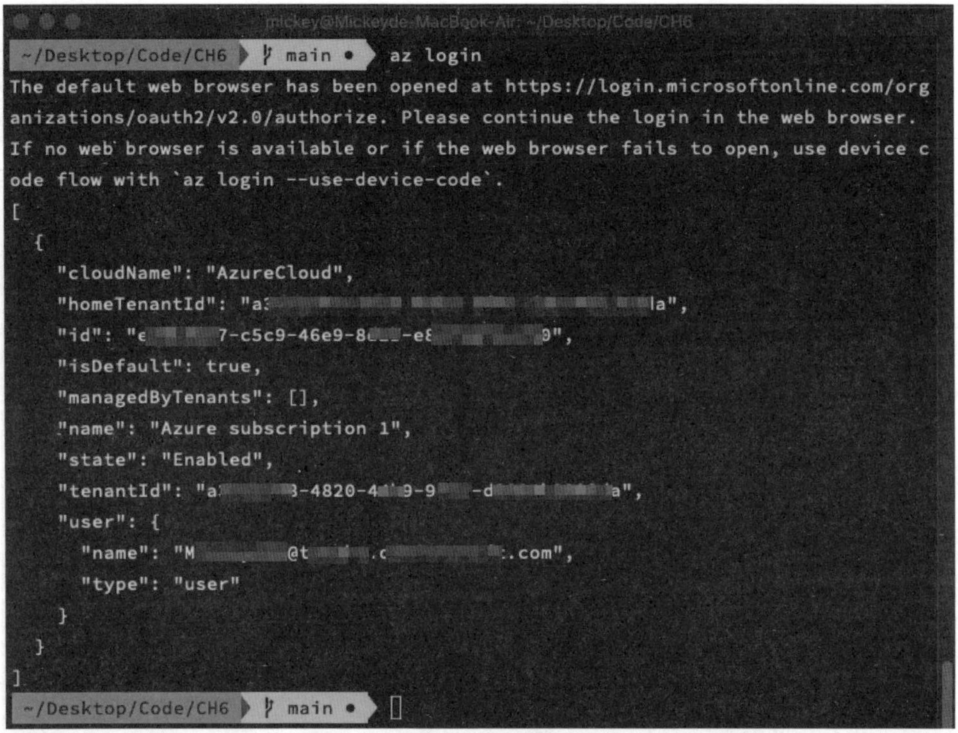

```
~/Desktop/Code/CH6  ⑂ main ●  az login
The default web browser has been opened at https://login.microsoftonline.com/org
anizations/oauth2/v2.0/authorize. Please continue the login in the web browser.
If no web browser is available or if the web browser fails to open, use device c
ode flow with `az login --use-device-code`.
[
  {
    "cloudName": "AzureCloud",
    "homeTenantId": "a                              la",
    "id": "e       7-c5c9-46e9-8    -e8         9",
    "isDefault": true,
    "managedByTenants": [],
    "name": "Azure subscription 1",
    "state": "Enabled",
    "tenantId": "a        3-4820-4  9-9   -d        a",
    "user": {
      "name": "M        @t    .c        .com",
      "type": "user"
    }
  }
]
~/Desktop/Code/CH6  ⑂ main ●  []
```

圖 6-4　az login

STEP 2：終端機輸入 $ `az group create --name ServiceBusGroup --location westus` 建立資源群組。執行下列命令以建立 Azure 資源群組。 您可以視需要更新資源群組名稱和位置。指令中 `ServiceBusGroup` 為資源群組的名稱，`westus` 為部屬的地域。

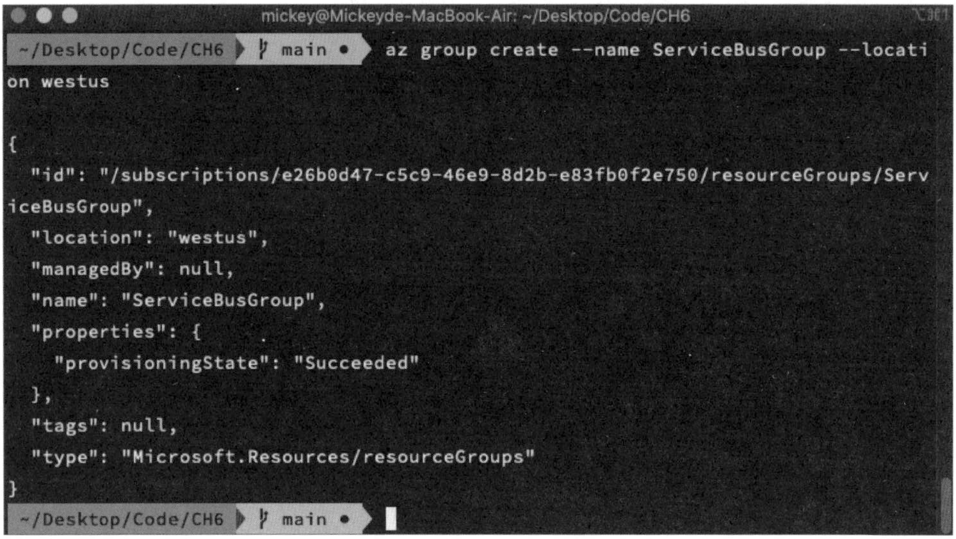

```
mickey@Mickeyde-MacBook-Air: ~/Desktop/Code/CH6

~/Desktop/Code/CH6 ⎇ main ● az group create --name ServiceBusGroup --locati
on westus

{
  "id": "/subscriptions/e26b0d47-c5c9-46e9-8d2b-e83fb0f2e750/resourceGroups/Serv
iceBusGroup",
  "location": "westus",
  "managedBy": null,
  "name": "ServiceBusGroup",
  "properties": {
    "provisioningState": "Succeeded"
  },
  "tags": null,
  "type": "Microsoft.Resources/resourceGroups"
}
~/Desktop/Code/CH6 ⎇ main ● ▮
```

圖 6-5 az group 建立資源群組

STEP 3：終端機輸入 $ `az servicebus namespace create--resource -group ServiceBusGroup --name ServiceBusDemoNS --location westus` 建立名為 ServiceBusDemoNS 的 Namespaces 命名空間。

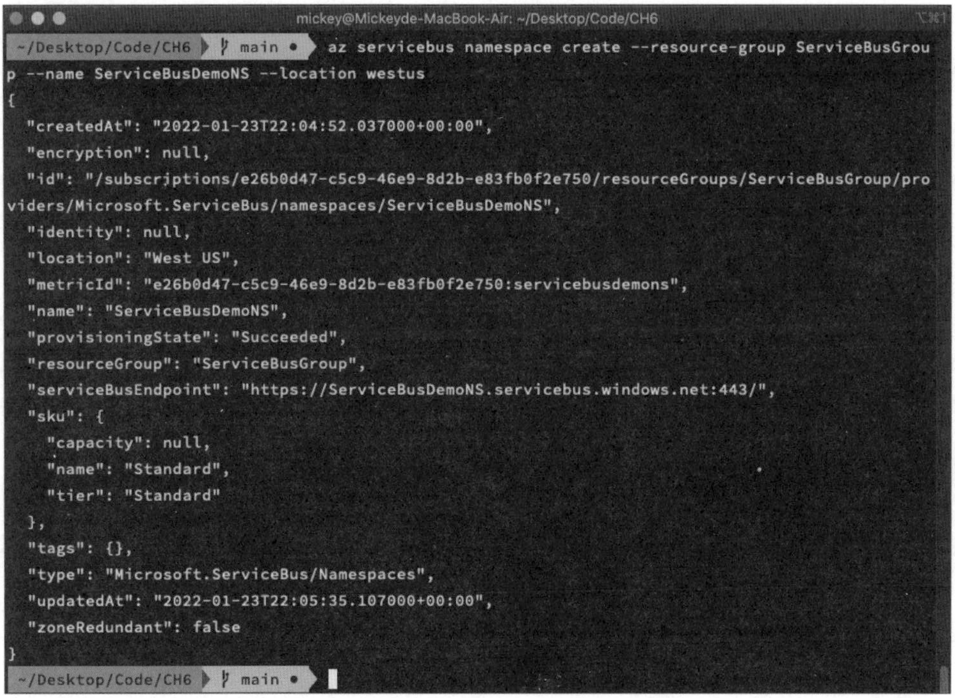

```
mickey@Mickeyde-MacBook-Air: ~/Desktop/Code/CH6
~/Desktop/Code/CH6 ⟩ main • ⟩ az servicebus namespace create --resource-group ServiceBusGrou
p --name ServiceBusDemoNS --location westus
{
  "createdAt": "2022-01-23T22:04:52.037000+00:00",
  "encryption": null,
  "id": "/subscriptions/e26b0d47-c5c9-46e9-8d2b-e83fb0f2e750/resourceGroups/ServiceBusGroup/pro
viders/Microsoft.ServiceBus/namespaces/ServiceBusDemoNS",
  "identity": null,
  "location": "West US",
  "metricId": "e26b0d47-c5c9-46e9-8d2b-e83fb0f2e750:servicebusdemons",
  "name": "ServiceBusDemoNS",
  "provisioningState": "Succeeded",
  "resourceGroup": "ServiceBusGroup",
  "serviceBusEndpoint": "https://ServiceBusDemoNS.servicebus.windows.net:443/",
  "sku": {
    "capacity": null,
    "name": "Standard",
    "tier": "Standard"
  },
  "tags": {},
  "type": "Microsoft.ServiceBus/Namespaces",
  "updatedAt": "2022-01-23T22:05:35.107000+00:00",
  "zoneRedundant": false
}
~/Desktop/Code/CH6 ⟩ main •
```

圖 6-6　az servicebus 建立命名空間

STEP 4：終端機輸入 $az servicebus queue create --resource-group ServiceBusGroup --namespace-name ServiceBusDemoNS --name DemoQueue1 帶入資源群組與 Namespace 的名稱，建立名為 DemoQuene1 的 Queue 佇列。

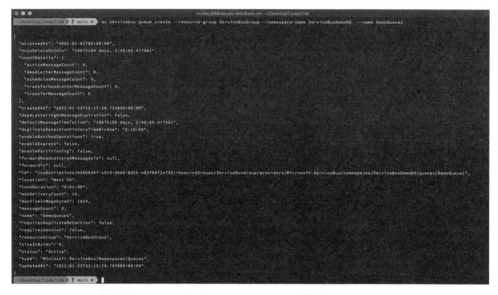

圖 6-7　az servicebus namespace 建立 Namespace

STEP 5：執行 `$ az servicebus namespace authorization-rule keys list --resource-group ServiceBusGroup --namespace-name ServiceBusDemoNS --name RootManage SharedAccessKey --query primaryConnectionString --output tsv` 取得連接字串。

圖 6-8　取得連結字串

備註：複製連接字串和佇列名稱。在後續開發程式時會使用這兩個資訊傳送及接收訊息。除了透過此指令取得連接字串，也可以進入 Azure 入口網頁 Service Bus 服務共用儲存原則（Share access police）頁面複製連接字串。

建立服務匯流排 Namespace 命名空間和佇列後，可以前往 6.4.3 節學習如何開發使用佇列傳送與接收訊息或繼續閱讀了解在 Azure 入口網頁建立佇列的流程。

6.4.2　Azure 入口網站建立 Azure Service Bus Queues

在 6.4.1 小節我們已經熟悉如何在 Azur CLI 建立程式資源，如果您不習慣使用 Azure CLI，本小節會說明如何使用 Azure 入口網站來建立服務匯流排命名空間和佇列。流程如下：

STEP 1：登入 Microsoft Azure 入口網站，搜尋並點選**服務匯流排**（**Service Bus**），進入該服務設定。

圖 6-9　Azure 入口網站搜尋服務匯流排

STEP 2：進入服務匯流排設定頁面選取 **[建立服務匯流排命名空間]**。

圖 6-10　建立服務匯流排命名空間

STEP 3：在 **[建立命名空間]** 頁面的 **[基本]** 標籤中，填入設定資訊：

圖 6-11 設定 namespaces

Namespaces 命名空間名稱值的長度必須介於 6 和 50 個字元之間。命名空間只可包含字母、數字和連字號、必須以字母開頭。

| 設定定價層：測試開發選擇基本即可

STEP 4： 確認資訊後，選取 **[建立]**。

圖 6-12 建立 Namespaces

STEP 5： 稍等幾分鐘部署完成後，會看到圖 6-13 畫面，點擊 **[前往資源]**。

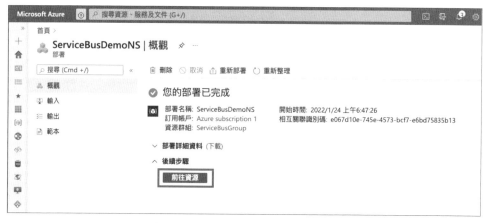

圖 6-13 前往 Namespaces 資源

STEP 6：建立完成可看見該 Namespaces 命名空間設定首頁如圖 6-14 所示：

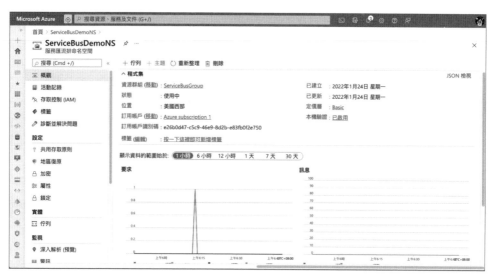

圖 6-14 Namespaces 設定首頁

STEP 7：在頁面的左側導覽功能表中選取 **[共用儲存原則（Share access police）]**。建立新的 Namespaces 命名空間會自動產生初始共用存取簽章，具有主要金鑰（Primary Key）和次要金鑰（Secondary Key）重要資訊，以及主要跟次要連接字串（Connection String），進入畫面後點選共用**儲存原則**後選到原則如圖 6-15 所示：

圖 6-15 產生共用儲存原則

STEP 8：**[共用存取原則]** 頁面上，選取 **[RootManageSharedAccess Key]** 開啟 SAS 原則視窗如圖 6-16 所示：

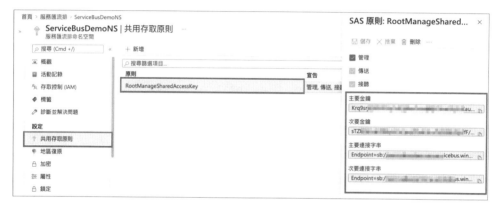

圖 6-16　複製金鑰

在原則：**RootManageSharedAccessKey** 視窗中，將主要金鑰與主要連接字串資訊 **[複製]** 並保管好。

> 備註：複製連接金鑰和佇列名稱。在後續開發程式時會使用這兩個資訊傳送及接收訊息。

STEP 9：在頁面的左側導覽功能表中選取**佇列（Queues）**再點選 **[+ 佇列]** 新增佇列如圖 6-17 所示：

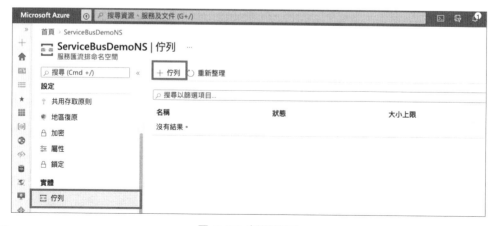

圖 6-17　新增佇列

STEP 10：輸入佇列的 **[名稱]**，並且讓其他值保留其預設值完成後，選取 **[建立]**。

圖 6-18　建立佇列

STEP 11：建立佇列完成後該 Namespaces 命名空間佇列頁面會出現您輸入名稱的佇列如圖 6-19 所示：

圖 6-19　建立佇列完成畫面

6.4.3　使用 Node.js SDK 在 Queues 中的傳送和接收訊息

　　本節將帶您了解如何使用 Azure Service Bus 的 Node.js 的 @azure/service-bus 模組來傳送訊息至服務匯流排佇列和從中接收訊息，首先先新增一個 Node.js 專案並撰寫程式流程如下：

事前準備：

1. 需完成 6.4.1 或 6.4.2 節建立 Azure Service Bus Queues ！

2. 記下 Namespaces（命名空間）名稱及 Primary Connection String （連接字串）與您建立的佇列名稱。

STEP 1：在專案目錄中，終端機輸入 $npm init 建立 Node.js 專案：

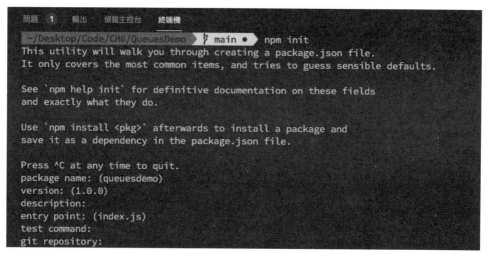

6-20　建立 Node.js 專案

STEP 2：終端機輸入 `$touch send.ts`、`$touch receive.ts`、`$touch config.ts` 建立 3 支 typescript 程式，程式架構如圖 6-21 所示：

6-21　專案程式架構

STEP 3：終端機輸入 `$ npm install --save @azure/service-bus` 安裝模組：

6-22　安裝 @azure/service-bus

STEP 4：編輯 config.ts 程式：

　　將下列程式碼片段複製並貼到 config.ts 檔案中，然後設定 config.ts 程式中的各屬性，這些設定值將會在後續流程傳送訊息至服務匯流排佇列和從中接收訊息時使用到。程式第 2 行的 conectionString 為建立 Azure Service Bus 命名空間的連接字串，第 5 行 queueName 為您建立的佇列名稱，第 7 行 messages 陣列為預傳送至 Queue 等待處理的範例訊息。

```
1. // connection string to your Service Bus namespace
2. export const connectionString = "<CONNECTION STRING TO
   NAMESPACE>";
3.
4. // name of the queue
5. export const queueName = "<QUEUE NAME>"
6.
7. export const messages = [
8.     { message: "Message1 from queue" },
9.     { message: "Message2 from queue" },
10.    { message: "Message3 from queue" },
11.    { message: "Message4 from queue" },
12.    { message: "Message5 from queue" },
13.    { message: "Message6 from queue" },
14.    { message: "Message7 from queue" },
15.    { message: "Message8 from queue" },
16.    { message: "Message9 from queue" }
17. ];
```

備註：config.ts 內的變數需使用 export 將其匯出供其他主程式匯入使用。

程式第 2 行的 conectionString 與，您可以點選 Azure 入口網站中服務匯流排選單的**共用存取原則**中的 **RootManageSharedAccessKey** 開啟 SAS 視窗找到如圖 6-23 所示：

6-23 取得讀寫端點 & 金鑰匙參數

將**主要連接字串（Primary Connection String）**的資訊複製並更新至程式 config.ts 的對應屬性中。

STEP 5：編輯 **send.ts** 程式：

將下列程式碼複製到 **send.ts** 程式中，其中程式碼 1、2 行匯入 @azure/service-bus 模組與 config.ts 程式、使用連接字串建立 ServiceBusClient 與 Namespaces 命名空間的連線並對 Queue 佇列傳送訊息，程式碼第 4 行為發送訊息的主程式，程式碼第 7 行建立 Service Bus Client 端，第 10 行建立發送訊息的 Sender。

```
1. import { ServiceBusClient } from '@azure/service-bus';
2. import * as Config from './config';
3.
4. const send = async () => {
```

```
5.
6.  // create a Service Bus client to the Service Bus namespace
7.      const sbClient = new ServiceBusClient(Config.connectionString);
8.
9.      // createSender() can also be used to create a sender for a topic.
10.     const sender = sbClient.createSender(Config.queueName);
11.
12.     try {
13.
14.         // create a batch object
15.         let batch = await sender.createMessageBatch();
16.
17.         for (let i = 0; i < Config.messages.length; i++) {
18.             console.log(`message to batch: ${JSON.stringify
    (Config.messages[i])}`)
19.             // try to add the message to the batch
20.             if (!batch.tryAddMessage(Config.messages[i])) {
21.
22.                 await sender.sendMessages(batch);
23.
24.                 // then, create a new batch
25.                 batch = await sender.createMessageBatch();
26.             }
27.
28.         }
29.
30.         // Send the created batch of messages to the queue
31.         await sender.sendMessages(batch);
32.         console.log(`Sent a batch of messages to the queue:
    ${Config.queueName}`);
33.
34.         // Close the sender
35.         await sender.close();
```

```
36.
37.    } catch (err) {
38.        console.log("Error occurred: ", err);
39.        process.exit(1);
40.    } finally {
41.        await sbClient.close();
42.    }
43.}
44.
45.// call the main function
46.send();
47.
```

主程式第 15 行建立 ServiceBusMessageBatch 物件，可用來批次傳
遞多個訊息，程式碼第 20 行 tryAddMessage() 方法可將訊息加入
ServiceBusMessageBatch 物件中，並回傳布林值表示是否加入成功，透過程
式碼 17 行迴圈將我們在 config.ts 中的測試資料加入 ServiceBusMessageBatch
物件，加入完成後程式碼 31 行透過 Sender 將訊息傳送至 Queue 佇列，不
管傳送成功或失敗程式碼 35、41 行都須關閉 Sender，最後透過程式碼 46
行執行主程式。

STEP 6：終端機執行 $ `ts-node send.ts`

執行 send.ts 程式測試傳送訊息功能，可看見終端機輸出 console 成功新增
至 ServiceBusMessageBatch 物件的資料，並傳送到 demoqueue1 佇列如圖
6-24 所示：

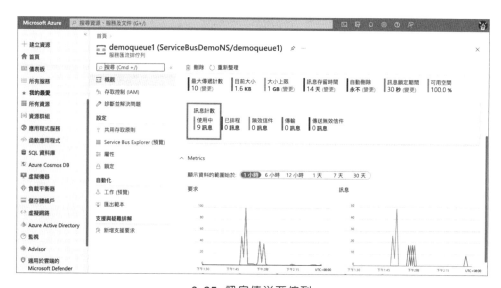

6-24　執行 send.ts

STEP 7：回到 Azure Service Bus 佇列頁面查看

執行 send.ts 程式後，回到 Azure 入口網站，查看服務匯流排佇列頁面，可看到佇列目前的訊息數量。

6-25　訊息傳送至佇列

傳送訊息成功後接下來修改 receive.ts 程式接收訊息。

STEP 8：編輯 **receive.ts** 程式：

將下列程式碼複製到 **receive.ts** 程式中，其中程式碼第 1 行匯入 @azure/
service-bus 模組與，程式碼第 2 行匯入 config.ts 程式、使用連接字串建
立 ServiceBusClient 與 Namespaces 命名空間的連線並從 Queue 佇列接收
訊息，程式碼第 4 行為接收訊息的主程式，程式碼第 6 行建立 Service Bus
Client 端，第 9 行建立接收訊息的 Receiver。

```typescript
1.  import { delay, ServiceBusClient, MessageHandlers,
    ServiceBusReceivedMessage, ProcessErrorArgs } from '@azure/
    service-bus';
2.  import * as Config from './config';
3.
4.  const receive = async () => {
5.     // create a Service Bus client to the Service Bus namespace
6.     const sbClient = new ServiceBusClient(Config.
    connectionString);
7.
8.     // createReceiver() can also be used to create a receiver for
    a subscription.
9.     const receiver = sbClient.createReceiver(Config.queueName);
10.
11.    // function to handle messages
12.    const myMessageHandler = async (message: Servi
    ceBusReceivedMessage) => {
13.        console.log(`Received message: ${message.body}`);
14.    };
15.
16.    // function to handle any errors
17.    const myErrorHandler = async (err: ProcessErrorArgs) => {
18.        console.log(err);
19.    };
```

```
20.
21.    const messageHandlers = {
22.        processMessage: myMessageHandler,
23.        processError: myErrorHandler
24.    } as MessageHandlers;
25.
26.    // subscribe and specify the message and error handlers
27.    receiver.subscribe(messageHandlers);
28.
29.    // Waiting long enough before closing the sender to send
   messages
30.    await delay(20000);
31.    await receiver.close();
32.    await sbClient.close();
33. }
34.
35. // call the main function
36. receive().catch((err) => {
37.    console.log("Error occurred: ", err);
38.    process.exit(1);
39. });
```

　　程式碼第 27 行使用 receiver.subscribe() 方法從 queue 佇列接收訊息，
該方法需帶入 MessageHandlers 物件裡面包含處理訊息的業務邏輯以及
錯誤處理，MessageHandlers 物件在程式第 21 行宣告，其中程式第 12
行 myMessageHandle 函式為接收訊息處理的業務邏輯函式其 input 即為
Receiver 接收到的訊息型態：ServiceBusReceivedMessage，程式碼第 12 行
myErrorHandler 函式錯誤處理邏輯，其 input 型態需為 ProcessErrorArgs，主
程式將訊息與錯誤處理邏輯帶入程式 21 行組成 MessageHandlers 物件，帶入
使用 receiver.subscribe() 方法接收訊息。

STEP 9：終端機執行 $ `ts-node receive.ts`

執行 receive.ts 程式測試接收訊息功能，可看見終端機輸出 console 成功接收到目前存在 Queue 中的訊息，如圖 6-26 所示：

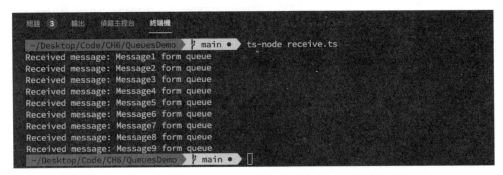

6-26　執行 receive.ts

STEP 10：回到 Azure Service Bus 佇列頁面查看

執行 receive.ts 程式後，回到 Azure 入口網站，查看服務匯流排佇列頁面，可看到佇列的訊息已被 Receiver 處理掉如圖 6-27 所示。

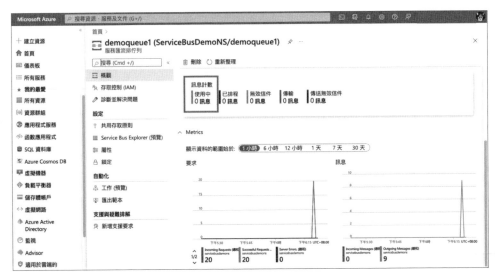

6-27　查看 Queues 訊息數量

6.5 建立 Topics 和 Subscriptions

本節會說明如何使用 Azure CLI 與 Azure 入口網站來建立服務匯流排 Topics（主題），並建立該主題的 Subscriptions（訂用帳戶）。學習使用發佈 / 訂閱的方式來傳訊。服務匯流排主題和訂用帳戶支援「發佈 / 訂閱」訊息通訊模型。 使用主題和訂用帳戶時，應用程式的元件彼此不直接通訊，相反的，他們會透過扮演中繼角色的 Topics 來交換訊息。

有別於服務匯流排 Queues，服務匯流排佇列中的每個訊息只會由單一取用者處理，主題和訂用帳戶採用發佈 / 訂閱模式，提供一對多的通訊形式。一個 Topics 可以登錄多個 Subscriptions。 當訊息傳送至主題時，每個訂用帳戶都可取得訊息來個別處理。主題的訂用帳戶類似於虛擬佇列，同樣可接收已傳送到主題的訊息複本。 您可以選擇為個別訂用帳戶登錄主題的篩選規則，以篩選或限制主題的哪些訊息由哪些主題訂用帳戶接收。本節將帶您使用 Azure CLI 及 Azure 入口網站來建立 Topics 與 Subscriptions 並練習使用「發佈 / 訂閱」模式來傳送與接收訊息。

事前準備：

1. 擁有 Azure 帳號

2. 安裝 Azure CLI 2.3 版或更新版本

3. 安裝 Node.js 14 版以上和 TypeScript 環境

6.5.1 使用 CLI 建立 Topics 和 Subscriptions

本節將帶您使用 CLI 來建立服務匯流排 Topics，然後對該主題建立 Subscriptions，步驟如下：

> 備註：Topics 和 Queues 可以位於單一 Namespaces 中，如果已經在建立佇列時已經建立過 Namespaces，可跳過 STEP1~STEP3 建立 Namespaces 流程，與佇列共用同一個 Namespaces，直接從 STEP4 開始操作建立 Topics 即可。

STEP 1：在終端機輸入 $ `az login` 登入 Azure 平台輸入後照著登入指示，轉導 Azure 入口網站登入您的帳號後將畫面切回終端機看見圖 6-28 登入成功畫面即登入成功。

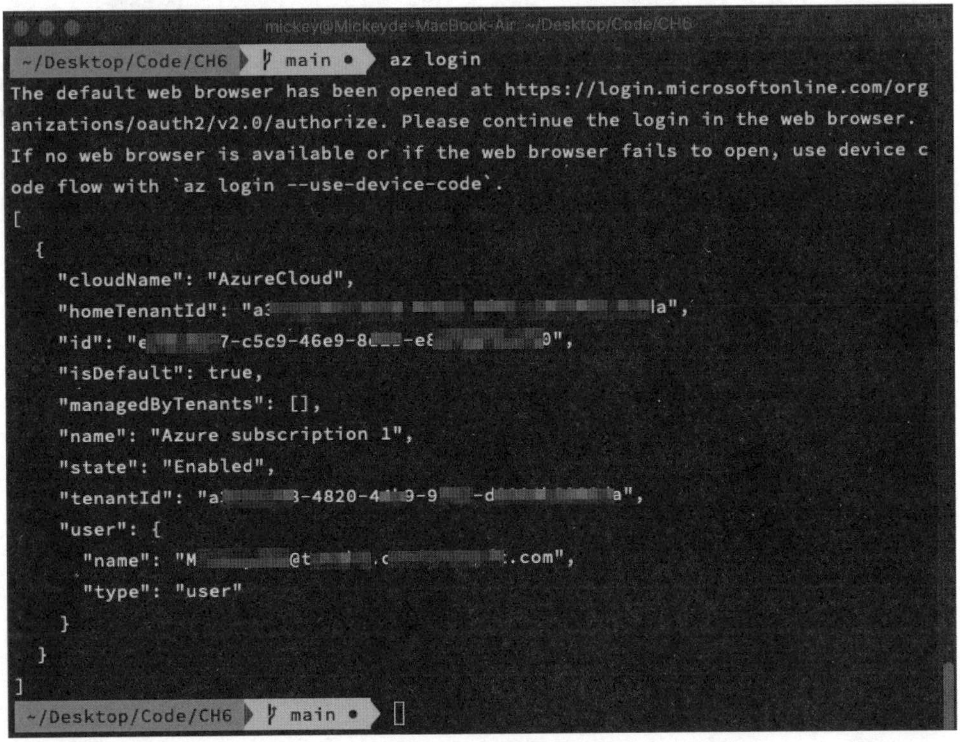

```
~/Desktop/Code/CH6  main ●  az login
The default web browser has been opened at https://login.microsoftonline.com/org
anizations/oauth2/v2.0/authorize. Please continue the login in the web browser.
If no web browser is available or if the web browser fails to open, use device c
ode flow with `az login --use-device-code`.
[
  {
    "cloudName": "AzureCloud",
    "homeTenantId": "a          la",
    "id": "e      7-c5c9-46e9-8   -e8      9",
    "isDefault": true,
    "managedByTenants": [],
    "name": "Azure subscription 1",
    "state": "Enabled",
    "tenantId": "a      3-4820-4  9-9  -d       la",
    "user": {
      "name": "M      @t   .c      :.com",
      "type": "user"
    }
  }
]
~/Desktop/Code/CH6  main ●
```

圖 6-28　az login

STEP 2：在終端機輸入 $ az group create --name ServiceBus Group --location westus 建立資源群組。執行下列命令以建立 Azure 資源群組。指令中 ServiceBusGroup 為資源群組的名稱，westus 為部屬的地域。

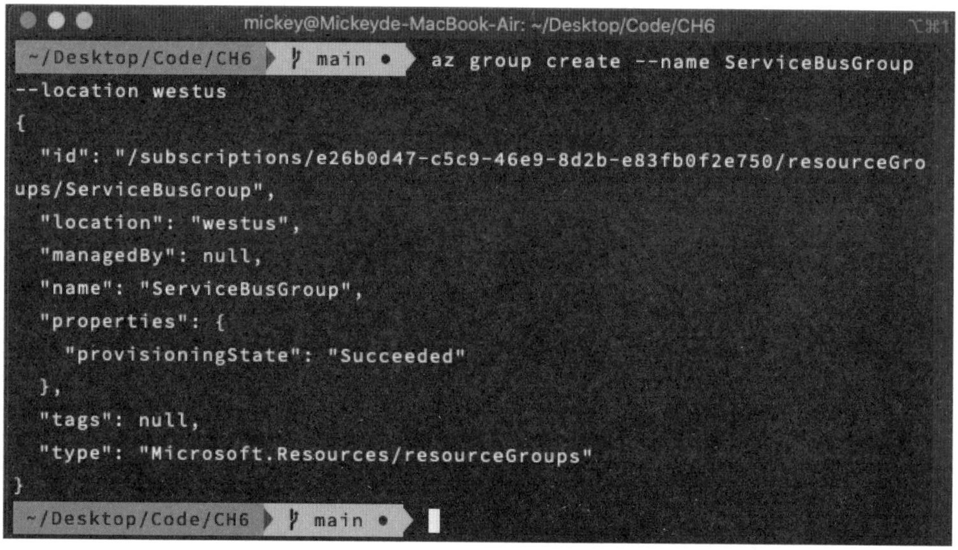

```
mickey@Mickeyde-MacBook-Air: ~/Desktop/Code/CH6                          ⌥⌘1
~/Desktop/Code/CH6  ⎇ main ●    az group create --name ServiceBusGroup
--location westus
{
  "id": "/subscriptions/e26b0d47-c5c9-46e9-8d2b-e83fb0f2e750/resourceGro
ups/ServiceBusGroup",
  "location": "westus",
  "managedBy": null,
  "name": "ServiceBusGroup",
  "properties": {
    "provisioningState": "Succeeded"
  },
  "tags": null,
  "type": "Microsoft.Resources/resourceGroups"
}
~/Desktop/Code/CH6  ⎇ main ●
```

圖 6-29 az group 建立資源群組

STEP 3：終端機輸入 $ az servicebus namespace create --resource-group ServiceBusGroup --name ServiceBusDemoNS --location westus 建立服務匯流排傳訊命名空間（namespace），此處名為 ServiceBusDemoNS。

圖 6-30　az servicebus 建立命名空間

STEP 4：在終端機輸入 $ `az servicebus topic create --resource -group ServiceBusGroup --namespace-name ServiceBusDemoNS --name demotopic1` 在命名空間中建立主題，此處名為 demotopic1。

圖 6-31　az servicebus 建立 topic

STEP 5：在終端機輸入 $ az servicebus topic subscription create --resource-group ServiceBusGroup --namespace-name ServiceBusDemoNS --topic-name demotopic1 --name S1 對主題建立第一個訂用帳戶。

```
mickey@Mickeyde-Air: ~/Desktop/Code/CH6
~/Desktop/Code/CH6  main ● az servicebus topic subscription create --resource-group ServiceBusGroup
--namespace-name ServiceBusDemoNS --topic-name demotopic1 --name S1
{
  "accessedAt": "0001-01-01T00:00:00",
  "autoDeleteOnIdle": "10675199 days, 2:48:05.477581",
  "countDetails": {
    "activeMessageCount": 0,
    "deadLetterMessageCount": 0,
    "scheduledMessageCount": 0,
    "transferDeadLetterMessageCount": 0,
    "transferMessageCount": 0
  },
```

圖 6-32　az servicebus 建立訂用帳戶

STEP 6：重複 STEP4 並修改 --name S2、--name S3 指令建立 S2、S3 訂用帳戶。

STEP 7：：執行 $ az servicebus namespace authorization -rule keys list --resource-group ServiceBusGroup --namespace-name ServiceBusDemoNS --name RootManageSharedAccessKey --query primaryConnectionString --output tsv 取得連接字串。

```
mickey@Mickeyde-Air: ~/Desktop/Code/CH6
~/Desktop/Code/CH6  main ● az servicebus namespace authorization-rule keys list
--resource-group ServiceBusGroup --namespace-name ServiceBusDemoNS --name RootManageSh
aredAccessKey --query primaryConnectionString --output tsv
Endpoint=sb://servicebusdemons.servicebus.windows.net/;SharedAccessKeyName=RootManageS
haredAccessKey;SharedAccessKey=7sIw8iBaPHbP1zTaIS7N9VORgxt0qg/v1G69gyT3LhI=
~/Desktop/Code/CH6  main ●
```

圖 6-33　取得連結字串

備註：複製連接字串和主題名稱。在後續開發程式時會使用這兩個資訊傳送及接收訊息。除了透過此指令取得連接字串，也可以進入 Azure 入口網頁 Service Bus 服務共用儲存原則（Share access police）頁面複製連接字串。

　　建立服務匯流排 Namespace 命名空間和 Topics 主題後，可以前往 6.5.3 節學習如何開發使用 Topics 透過「發佈 / 訂閱」模式來傳送與接收訊息或繼續閱讀了解在 Azure 入口網頁建立主題的流程。

6.5.2 Azure 入口網站建立 Topics 和 Subscriptions

　　使用 Azure 入口網站建立主題與訂用帳戶流程如下：

備註：Topics 和 Queues 可以位於單一 Namespaces 中，如果已經在建立佇列時已經建立過 Namespaces，可跳過 STEP1~STEP8 建立 Namespaces 流程，與佇列共用同一個 Namespaces，直接從 STEP9 開始操作建立 Topics 即可。

STEP 1：登入 Microsoft Azure 入口網站，搜尋並點選**服務匯流排**（**Service Bus**），進入該服務設定。

圖 6-34 Azure 入口網站搜尋服務匯流排

STEP 2：進入服務匯流排設定頁面選取 **[建立服務匯流排命名空間]**。

圖 6-35　建立服務匯流排命名空間

STEP 3：在 **[建立命名空間]** 頁面的 **[基本]** 標籤中，填入設定資訊：

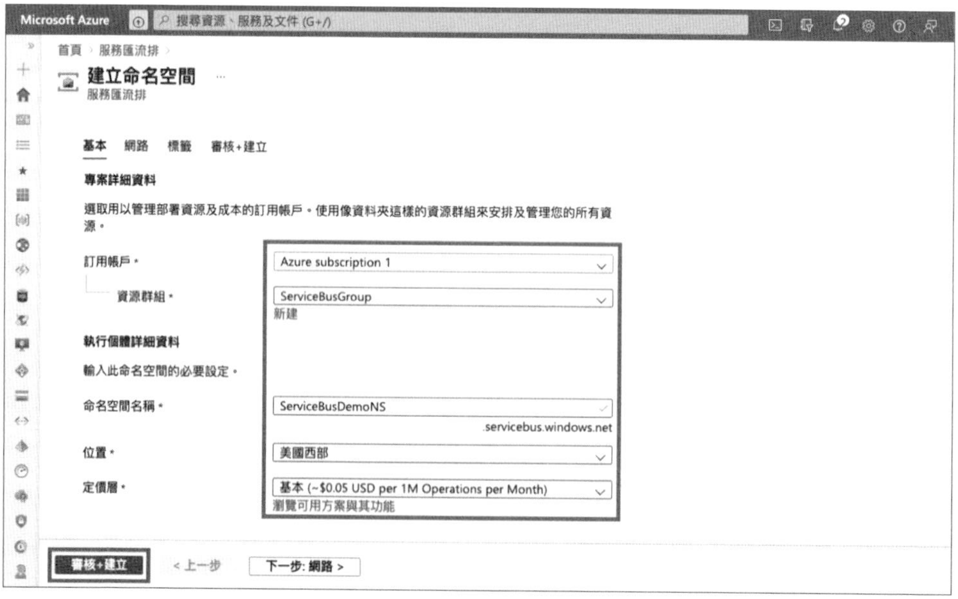

圖 6-36　設定 Namespaces

Namespaces 命名空間名稱值的長度必須介於 6 和 50 個字元之間。命名空間只可包含字母、數字和連字號。命名空間必須以字母開頭,且必須以字母或數字結尾。

| 定價層:測試開發選擇基本即可

STEP 4:確認資訊後,選取 **[建立]**。

圖 6-37 建立 Namespaces

STEP 5：稍等幾分鐘部署完成後，會看到圖 6-38 畫面，點擊 **[前往資源]**。

圖 6-38　前往 Namespaces 資源

STEP 6：建立完成可看見該 Namespaces 命名空間設定首頁如圖 6-39 所示：

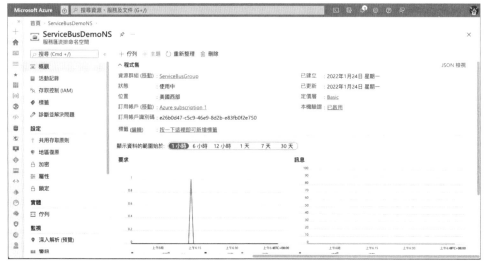

圖 6-39　Namespaces 設定首頁

STEP 7：在頁面的左側導覽功能表中選取 **[共用儲存原則（Share access police）]**。建立新的 Namespaces 命名空間會自動產生初始共用存取簽章，具有主要金鑰（Primary Key）和次要金鑰（Secondary Key）重要資訊，以及主要跟次要連接字串（Connection String），進入畫面後點選共用儲存原則後選到原則如圖 6-40 所示：

圖 6-40　產生共用儲存原則

STEP 8：**[共用存取原則]** 頁面上，選取 **[RootManageSharedAccess Key]** 開啟 SAS 原則視窗如圖 6-41：

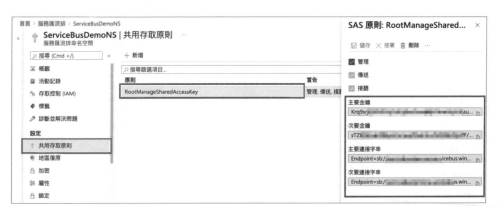

圖 6-41　複製金鑰

在原則：**RootManageSharedAccessKey** 視窗中，將金鑰雨主要連接字串資訊 **[複製]** 並保管好。

> 備註：複製連接金鑰和佇列名稱。在後續開發程式時會使用這兩個資訊傳送及接收訊息。

STEP 9：開啟命名空間設定頁面左方功能表選取**主題（Topics）**再點選 **[+ 主題]** 新增主題如圖 6-42 所示：

圖 6-42　新增主題

STEP 10：輸入主題名稱，其他選項保留預設值即可，選取 **[Create]** 建立主題。

圖 6-43　建立主題

STEP 11：建立主題完成後該 Namespaces 命名空間主題頁面會出現您輸入名稱的主題如圖 6-44 所示：

圖 6-44　建立主題完成畫面

STEP 12：點選該主題，從左側功能表中選取 **[訂用帳戶]**，選取 **[+ 訂用帳戶]**。

圖 6-45　新增訂用帳戶

STEP 13：設定訂用帳戶名稱與最大傳遞計數等資訊，點選 **[建立]**。

圖 6-46　設定訂用帳戶

STEP 14：重複 STEP12、STEP13 建立名為 S2、S3 的訂用帳戶完成後，
Topic 主題頁面會出現 3 個訂用帳戶如下圖 6-47 所示：

圖 6-47　重複建立訂用帳戶

6.5.3 使用 Node.js SDK 透過 Topics 傳送和接收訊息

本節將帶您了解如何使用 Azure Service Bus 的 Node.js 的 @azure/service-bus 模組使用服務匯流排主題傳送和接收訊息，首先先新增一個 Node.js 專案並撰寫程式流程如下：

事前準備：

1. 需完成 6.5.1 或 6.5.2 節建立 Azure Service Bus Topics ！

2. 記下 Namespaces（命名空間）名稱及 Primary Connection String（連接字串）與您建立的 Topics 主題名稱。

STEP 1：在專案目錄中，終端機輸入 $npm init 建立 Node.js 專案。

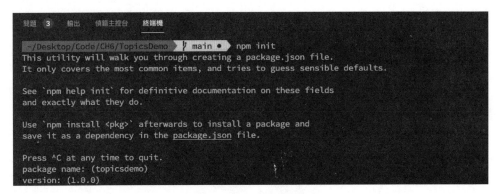

6-48 建立 Node.js 專案

STEP 2：終端機輸入 $touch sendtotopic.ts、$touch subscription.ts、$touch config.ts 建立 3 支程式，程式架構如圖 6-49 所示。

6-49 專案程式架構

STEP 3：終端機輸入 $ npm install --save @azure/service-bus 安裝模組：

6-50 安裝 @azure/service-bus

STEP 4：編輯 **config.ts** 程式。

將下列程式碼片段複製並貼到 config.ts 檔案中，然後設定 config.ts 程式中的各屬性，這些設定值將會在後續流程，傳送訊息至服務匯流排主題和從中接收訊息時使用到。程式第 2 行的 conectionString 為建立 Azure Service Bus 命名空間的連接字串，第 4、5 行為您建立的主題名稱與訂用帳戶名稱，第 7 行 messages 陣列為預傳送至 Topics 等待處理的範例訊息。

```
1. // connection string to your Service Bus namespace
2. export const connectionString = "<SERVICE BUS CONNECTION STRING>";
3.
4. export const topicName = "<TOPIC NAME>"
5. export const subscriptionName = "<SUBSCRIPTION NAME>"
6.
7. export const messages = [
8.     { body: "Message1 form topic" },
9.     { body: "Message2 form topic" },
10.     { body: "Message3 form topic" },
11.     { body: "Message4 form topic" },
12.     { body: "Message5 form topic" },
13.     { body: "Message6 form topic" },
14.     { body: "Message7 form topic" },
15.     { body: "Message8 form topic" },
16.     { body: "Message9 form topic" }
17.];
```

備註：config.ts 內的變數需使用 export 將其匯出供其他主程式匯入使用。

　　程式第 2 行的 conectionString 與，您可以點選 Azure 入口網站中服務匯流排選單的**共用存取原則**中的 **RootManageSharedAccessKey** 開啟 SAS 視窗找到如圖 6-50 所示：

6-50　取得讀寫端點 & 金鑰匙參數

　　將**主要連接字串（Primary Connection String）**的資訊複製並更新至程式 config.ts 的對應屬性中。

STEP 5：編輯 sendtotopic.ts 程式。

將下列程式碼複製到 **sendtotopic.ts** 程式中，其中程式碼 1、2 行匯入 @azure/service-bus 模組與 config.ts 程式、使用連接字串建立 ServiceBusClient 與 Namespaces 命名空間的連線並對 Topics 主題傳送訊息，程式碼第 4 行為發送訊息的主程式，程式碼第 7 行建立 Service Bus Client 端，第 10 行建立發送訊息的 Sender。

```
1.  import { ServiceBusClient } from '@azure/service-bus';
2.  import * as Config from './config';
3.
4.  const send = async () => {
5.
6.      // create a Service Bus client using the connection string to
    the Service Bus namespace
7.      const sbClient = new ServiceBusClient(Config.connectionString);
8.
9.      // createSender() can also be used to create a sender for a topic.
10.     const sender = sbClient.createSender(Config.topicName);
11.
12.     try {
13.
14.         // create a batch object
15.         let batch = await sender.createMessageBatch();
16.
17.         for (let i = 0; i < Config.messages.length; i++) {
18.             console.log(`message to batch: ${JSON.
    stringify(Config.messages[i])}`)
19.             // try to add the message to the batch
20.             if (!batch.tryAddMessage(Config.messages[i])) {
21.
22.                 await sender.sendMessages(batch);
23.
24.                 // then, create a new batch
25.                 batch = await sender.createMessageBatch();
26.             }
27.
28.         }
29.
30.         // Send the created batch of messages to the topic
31.         await sender.sendMessages(batch);
```

```
32.        console.log(`Sent a batch of messages to the topic:
   ${Config.topicName}`);
33.
34.        // Close the sender
35.        await sender.close();
36.
37.    } catch (err) {
38.        console.log("Error occurred: ", err);
39.        process.exit(1);
40.    } finally {
41.        await sbClient.close();
42.    }
43.}
44.
45.// call the main function
46.send();
```

主程式第 15 行建立 ServiceBusMessageBatch 物件，可用來批次傳遞多個訊息，程式碼第 20 行 tryAddMessage() 方法可將訊息加入 ServiceBusMessageBatch 物件中，並回傳布林值表示是否加入成功，透過程式碼 17 行迴圈將我們在 config.ts 中的測試資料加入 ServiceBusMessage Batch 物件，加入完成後程式碼 31 行透過 Sender 將訊息傳送至 topic 主題，不管傳送成功或失敗程式碼 35、41 行都須關閉 Sender，最後透過程式碼 46 行執行主程式。

STEP 6：終端機執行 $ ts-node sendtotopic.ts

執行 sendtotopic.ts 程式測試傳送訊息功能，可看見終端機輸出 console 成功新增至 ServiceBusMessageBatch 物件的資料，並傳送到 demotopic1 主題如圖 6-51 所示：

```
問題 6   輸出   偵錯主控台   終端機

×   ~/Desktop/Code/CH6/TopicsDemo ⟩  main ●   ts-node sendtotopic.ts
message to batch: {"body":"Message1 form topic"}
message to batch: {"body":"Message2 form topic"}
message to batch: {"body":"Message3 form topic"}
message to batch: {"body":"Message4 form topic"}
message to batch: {"body":"Message5 form topic"}
message to batch: {"body":"Message6 form topic"}
message to batch: {"body":"Message7 form topic"}
message to batch: {"body":"Message8 form topic"}
message to batch: {"body":"Message9 form topic"}
Sent a batch of messages to the topic: demotopic1
    ~/Desktop/Code/CH6/TopicsDemo ⟩  main ●
```

6-51　執行 sendtotopic.ts

STEP 7：回到 Azure Service Bus 主題頁面查看

執行 sendtotopic.ts 程式後，回到 Azure 入口網站，查看服務匯流排主題頁
面，可看到主題目前的訊息數量。

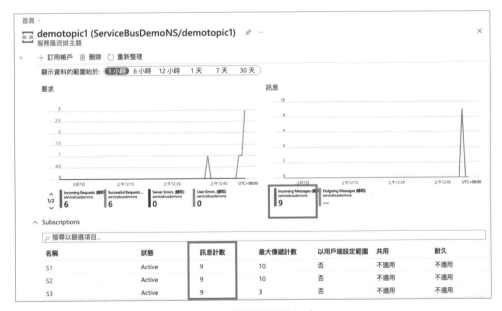

6-52　訊息傳送至主體

傳送訊息成功後接下來修改 subscription.ts 程式接收訊息。

STEP 8：編輯 **subscription.ts** 程式：

將下列程式碼複製到 **subscription.ts** 程式中，其中程式碼第 1 行匯入 @azure/service-bus 模組與，程式碼第 2 行匯入 config.ts 程式、使用連接字串建立 ServiceBusClient 與 Namespaces 命名空間的連線並從 Queue 佇列接收訊息，程式碼第 4 行為接收訊息的主程式，程式碼第 6 行建立 Service Bus Client 端，第 9 行建立接收訊息的 Receiver。

```
1.  import { delay, ServiceBusClient, MessageHandlers,
    ServiceBusReceivedMessage, ProcessErrorArgs } from '@azure/
    service-bus';
2.  import * as Config from './config';
3.
4.  const receive = async () => {
5.      // create a Service Bus client using the connection string to
    the Service Bus namespace
6.      const sbClient = new ServiceBusClient(Config.connectionString);
7.
8.      // createReceiver() can also be used to create a receiver for
    a queue.
9.      const receiver = sbClient.createReceiver(Config.topicName,
    Config.subscriptionName);
10.
11.     // function to handle messages
12.     const myMessageHandler = async (message: Service
    BusReceivedMessage) => {
13.         console.log(`Received message: ${message.body}`);
14.     };
15.
16.     // function to handle any errors
17.     const myErrorHandler = async (err: ProcessErrorArgs) => {
18.         console.log(err);
```

```
19.    };
20.
21.    const messageHandlers = {
22.        processMessage: myMessageHandler,
23.        processError: myErrorHandler
24.    } as MessageHandlers;
25.
26.    // subscribe and specify the message and error handlers
27.    receiver.subscribe(messageHandlers);
28.
29.    // Waiting long enough before closing the sender to send
   messages
30.    await delay(5000);
31.    await receiver.close();
32.    await sbClient.close();
33. }
34.
35. // call the main function
36. receive().catch((err) => {
37.    console.log("Error occurred: ", err);
38.    process.exit(1);
39. });
40.
```

程式碼第 27 行使用 receiver.subscribe() 方法從 topic 主題接收訊息，
該方法需帶入 MessageHandlers 物件裡面包含處理訊息的業務邏輯以及
錯誤處理，MessageHandlers 物件在程式第 21 行宣告，其中程式第 12
行 myMessageHandle 函式為接收訊息處理的業務邏輯函式其 input 即為
Receiver 接收到的訊息型態：ServiceBusReceivedMessage，程式碼第 12 行
myErrorHandler 函式錯誤處理邏輯，其 input 型態需為 ProcessErrorArgs，
主程式將訊息與錯誤處理邏輯帶入程式 21 行組成 MessageHandlers 物件，
帶入使用 receiver.subscribe() 方法接收訊息。

程式碼 30~32 行為 Receiver 接收來自訂用帳戶資料的時間，結束後將 Receiver 與 ServiceBusClient 關閉。

STEP 9：終端機執行 $ ts-node subscription.ts

執行 subscription.ts 程式測試接收訊息功能，可看見終端機輸出 console 成功接收到目前存在 Topic 中的訊息，如圖 6-53 所示。

6-53 執行 subscription.ts

STEP 10：回到 Azure Service Bus 主題頁面查看

執行 receive.ts 程式後，回到 Azure 入口網站，查看服務匯流排主題頁面，本示例使用訂用帳戶 S1 接收訊息，可以看到圖 6-54 上被 Receiver 處理掉的 Outgoing Message 數量，即為下方個 Subscription 訂用帳戶相較圖 6-52 減少的數量，可發現，訊息雖傳至同一個 Topics 主題與 Queue 佇列不同的是，一個主題可以有多個 Subscription 訂用帳戶收到訊息，並根據各自接收者的邏輯對資料進行處理，分散系統而不會影響到其他接收者。

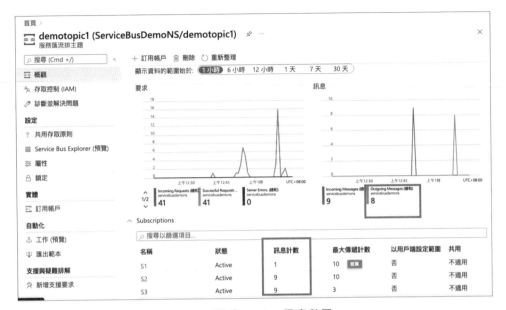

6-54 查看 Topics 訊息數量

Note

7

認知服務
Azure Cognitive Services

>> 了解什麼是 Azure Cognitive Services

>> 了解認知服務的功能項目,並學習使用

>> 使用 LUIS 建立自然語言理解模型

>> 使用 Custom Vision 建立自訂的影像辨識模型

7.1 Azure Cognitive Services

Azure Cognitive Services 認知服務提供開發人員或者非資料科學家，透過服務提供的 REST API 和 Client 端 SDK 也能擁有 AI 應用的能力，也就是雲端的 AI 服務，可用於幫助開發人員建置認知智慧應用程式，而無需太過深入的人工智慧（AI）或數據科學技能或知識。Azure 認知服務可讓開發人員使用認知解決方案，輕鬆地將認知功能新增至其應用程式。

圖 7-1　認知服務

Azure Cognitive Services 認知服務提供 AI 服務主要分為 4 個項目每個項目有許多服務可以使用，項目服務對照表如下：

視覺 Vision APIs

Service Name	Service Description
電腦視覺	提供先進演算法，處理影像回傳結構化資料。如字元辨識：從影像中讀出文字等。影像分析：物件、臉部、敏感內容偵測…等。運動分析：位置移動追蹤偵測。
自訂視覺	提供建立部署改善自訂的影像分類器。
臉部辨識	提供臉部辨識演算法，偵測和辨識臉部屬性。

語音 Speech APIs

Service Name	Service Description
語音服務	語音轉文字、文字轉語音、翻譯等服務

語言 Language APIs

Service Name	Service Description
語言認知服務	認知服務提供多種自然語言處理（NLP）功能以分析了解文字 情感分析、關鍵片語擷取、語言偵測等
LUIS	Language Understanding（LUIS）是一種雲端式交談式 AI 服務，可將自訂機器學習智慧套用至使用者的對話、自然語言文字中，以預測整體意義
QnA Maker	從半結構化的資料建構連續問題與解答
翻譯	翻譯工具可提供即時的文字翻譯服務

決策 Decision APIs

Service Name	Service Description
異常偵測器	監視和偵測時間序列資料中的異常狀況
內容仲裁	監測具惡意或風險之內容
個人化工具	優化使用者體驗，從即時行為中學習

7.2 認知服務加值聊天機器人

聊天機器人代表用戶會時常與之交談，因此聊天機器人必須能聽懂許多語句，並推斷出使用者的意圖，但這通常是困難的，因為聊天機器人為 **CUI**（Conversational user interface）聊天介面應用程式，與網頁、APP 等 **GUI**（Graphical user interface）圖像介面應用程式不同，GUI 應用程式使用圖像、表單、選項等控制選項，引導使用者應用程式，CUI 應用程式如聊天機器人則無法控制使用者會輸入什麼訊息，聊天機器人其智慧能回應的問題完全取決於程式腳本的豐富度，但使用者的輸入往往會超出預期，因此市面上大多的聊天機器人，都是使用限制功能表單的做法，其餘訊息皆視為例外處理，如果有認知服務的意圖預測服務，則可以改善上述的問題，即使使用者的輸入與功能表單有偏差，但仍能判斷出意圖給予正確的回應，將會帶您使用 Azure Cognitive Services 認知服務中的 LUIS（Language Understanding）服務來訓練意圖預測模型，並在後續整合進聊天機器人豐富用戶的操作體驗，讓應用程式了解人類自然語言文字中所表達的意思。

除了可加值文字訊息的語意理解處理豐富對話體驗外，訊息交換平台也可輸入多媒體訊息，如語音及圖像，認知服務也提供多種類型的 API，可加值聊天機器人應用程式的 AI 應用能力。由於本書主要是以訊息交換平台非智慧音箱為載體來開發，因此不會用到語音的認知服務。本書後續會以購物聊天機器人為例，使用視覺認知服務中的 Custom Vision 來建立自訂的商品圖像分類器，用來搜尋商品。將會帶您操作 Azure Cognitive Services 認知服務中 Custom Vision 服務，並建立測試影像分類器。

7.3 What is LUIS?

　　LUIS 是一個語意理解（Language Understanding）的雲端服務，其命名來自於自然語言理解 **NLU**（Natural Language Understanding），其實 NLU 是自然語言處理 **NLP**（Natural Language Processing）領域中的其中一個子項目，NLP 是很大的領域，並包含許多自然語言處理的技術主題舉例：

1. **Text to speech**：文字轉語音 / 語音轉文字。

2. **Speech synthesis**：語音合成。

3. **Speech recognition**：語音辨識。

4. **Text segmentation/Word tokenization**：斷詞 / 分詞。

5. **Document/Text classification**：文件檔案（新聞、評價等）與文字的分類。

6. **Machine translation**：翻譯。

7. **NER**（**Named entity recognition**）：命名實體辨識。

8. **Sentiment analysis**：情感分析。

9. **Natural Language Understanding**：自然語言理解

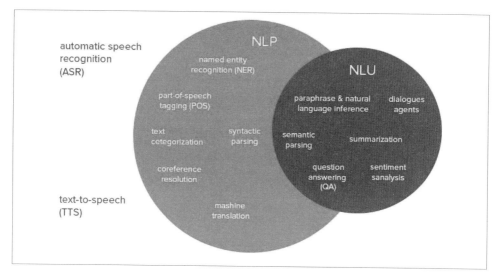

圖 7-2 NLP/NLU

　　LUIS 的全名為 Language Understanding Intelligent Service，是一種基於雲端的交談式 AI 服務如圖 7-3 所示，可將自訂機器學習智慧，套用到使用者的對話、自然語言文字中，以預測整體意圖，並從文字中提取相關的詳細資訊。LUIS 的用戶端應用程式可以是任何對話應用程式包括社群媒體應用程式、AI 聊天機器人，以及啟用語音功能的桌面應用程式等，可與使用者透過自然語言溝通以完成工作。Language Understanding 服務可讓您訓練語言模型，讓應用程式使用此模型從自然語言中擷取語意。

圖 7-3 LUIS

7.3.1 常見的 NLU Platform

除了 Microsoft LUIS 之外，各家大廠也有推出 NUL 服務平台，如：

- **Google**：Dialogflow

- **Amazon**：Lex

- **Facebook**：wit.ai

- **Microsoft**：LUIS

下表為個大 NLU 平台比較表：

平台	Dialogflow	Amazon Lex	wit.ai	LUIS
輸入類型	Voice、Text	Voice、Text	Voice、Text	Voice、Text
整合方式	Google Assistant、Line、Slack、Messenger、Twitter、Skype、Client Library、REST API	SMS、Slack、Messenger、Kik、Client Library、REST API	Client Library、REST API	Messenger、Slack、Skype、Kik、Telegram、Client Library、REST API
支援語言	20 幾種語言：英文、西班牙文、德文、法文、日文、韓文、中文 ...	英文	50 幾種語言：英文、西班牙文、德文、法文、荷蘭文、南非文 ...	英文、法文、德文、西班牙文、中文
費用	標準方案：免費，企業方案：US$ 0.002/1 請求	10K 請求數內免費，超過每個請求 US$ 0.00075	免費	10K 請求數內免費，超過每個請求 US$ 0.0005

7.3.2 如何在 Chatbot 中使用 LUIS

我們希望透過 Azure 認知服務中的 LUIS（Language Understanding）服務，讓應用程式了解人類自然語言文字中所表達的意思，聊天機器人是 LUIS 的常見用戶端應用程式之一。那該如何在 Chatbot 中使用 LUIS 呢？ Azure LUIS 應用程式發佈後，用戶端應用程式會將語句（文字）傳送至 LUIS 自然語言處理端點 API，並以 JSON 格式回應的形式接收結果。NLU 技術著重在將自然語言轉換成表徵的能力，讓機器可以透過表徵自然地了解人類想說什麼，LUIS 服務的主要用於理解語句意圖和萃取關鍵內容，以能夠識別使用者想說什麼以及使用者說的內容。LUIS 理解語意過程如下示意圖 7-4：

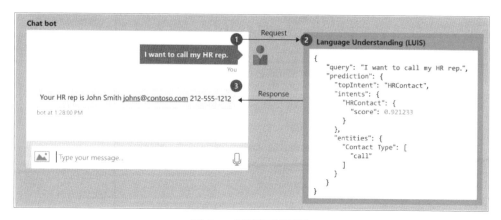

圖 7-4　理解語意過程

1. 用戶端應用程式將使用者語句發送 HTTP 請求至 LUIS API 端點。

2. LUIS 可製作自訂語言模型，讓應用程式更加智慧化。該模型會採用使用者的非結構化輸入文字，並傳回 JSON 格式的回應（表徵），該 JSON 具有 topIntent（最高機率的意圖），也擷取 entities 的實體資料。

3. 用戶端應用程式根據 LUIS 回應的 JSON 內容來決策如何達成使用者要求。這些決策由應用程式的程式碼處理。

7.3.3 LUIS 重要的關鍵字

開始使用 LUIS 前先了解一些使用 LUIS 服務的重要的關鍵字，有助於後續開發與操作。LUIS 利用三個關鍵字來了解語言，我們透過這三個關鍵字資料建構自訂的 NLU 模組來處理 Chatbot 的自然語言理解。

- **Query（表達）**：query 是應用程式需要解譯的使用者輸入。

- **Intents（意圖）**：intents 代表使用者想要執行的工作或動作。

- **Entities（實體）**：entities 代表在 query 中擷取出的有意義的文字實體。

LUIS 回傳 JSON 資料範例：

```
1.  {
2.      "query": "I want to call my HR rep",
3.      "prediction": {
4.          "topIntent": "HRContact",
5.          "intents": {
6.              "HRContact": {
7.                  "score": 0.8582669
8.              }
9.          },
10.         "entities": {
11.             "Contact Type": [
12.                 "call"
13.             ]
14.         },
15.         "sentiment": {
16.             "label": "neutral",
17.             "score": 0.5
18.         }
19.     }
20. }
```

7.4 建立語言理解資源群組

我們已經了解 LUIS 的使用原理，開始建構 LUIS 應用程式，與其他的 Azure 雲服務相同我們需要先建立 Azure 語言理解服務資源流程如下：

STEP 1：登入 Azure 入口網站，搜尋 LUIS 服務後點選 [語言理解] 項目。

圖 7-5 搜尋 LUIS 服務

STEP 2：點選 **[建立語言理解]**。

圖 7-6　建立語言理解

STEP 3：填寫名稱、區域、定價層後，點選 **[檢閱＋建立]**。

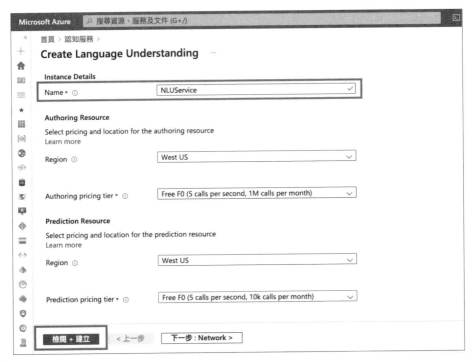

圖 7-7　設定語言理解資源群組

STEP 4：確認資訊無誤後點選 **[建立]**。

圖 7-8　確認語言理解資源群組

STEP 5：等待部署，完成後可看見以下畫面即完成建立語言理解資源群組。

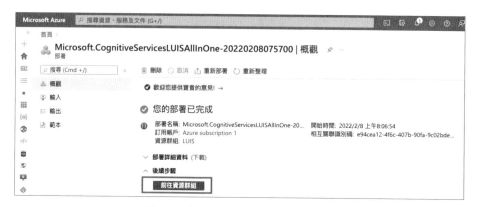

圖 7-9　完成建立語言理解資源群組

點選 **[前往資源群組]** 可查看語言理解資源群組如圖 7-10 所示：

圖 7-10　查看語言理解資源群組

7.5 建立 Language Understanding 應用程式

使用交談式 Language Understanding 服務來實行自然語言理解我們需要建立 LUIS 應用程式，本節將帶您建立應用程式、新增實體、意圖和語句，以訓練您自訂的語意理解模組完成之後，您會擁有一個在雲端中執行的 LUIS 端點用來預測用戶輸入語句的意圖。流程如下：

事前準備：

1. 擁有 Azure 帳號

2. 前往 Azure 入口網站，建立語言理解資源群組

STEP 1：首先前往 **LUIS** 入口網站並點選 **[Login/Sign up]** 登入帳號。

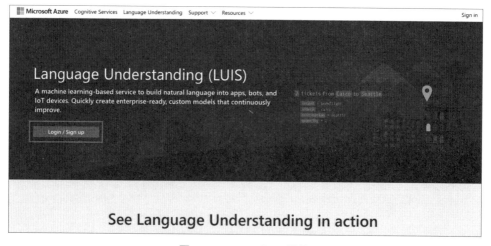

圖 7-11 LUIS 入口網站

備註：開啟 LUIS 入口網站：https://www.luis.ai 並使用與您的 Microsoft Azure 訂用帳戶登入。

STEP 2：LUIS 應用程式需要建立 Authoring resource，創作資源允許您建立、管理、訓練、測試和發佈您的 LUIS 應用程式，登入後，點選 [Select or Create an Azure resource] 如圖 7-12：

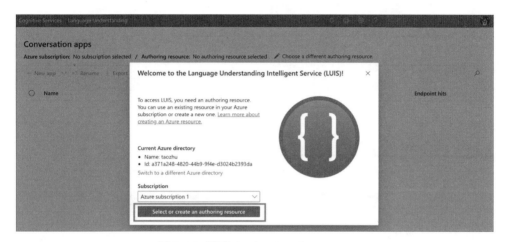

圖 7-12　建立 Authoring Resource

STEP 3：選取 Azure 訂用帳戶與 Authoring resource 後點選 Done。

> 備註：如為完成 7.4 小節建立語言理解資源群組也可點擊下方 Create new authoring resource 立即建立！

圖 7-13　設定 Authoring resource

STEP 4：完成後看見圖 7-14 畫面，即進入 LUIS 入口網頁。

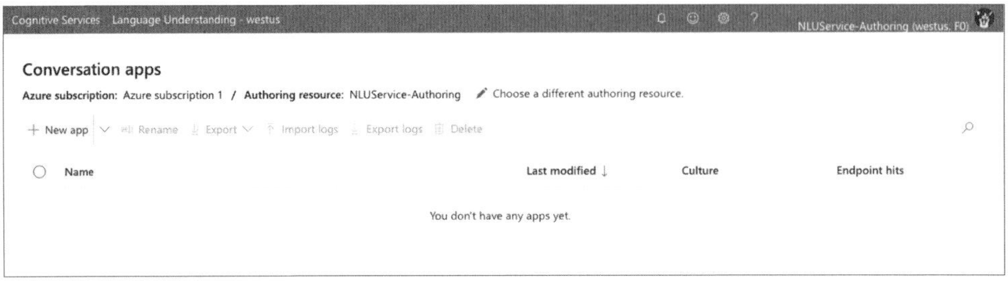

圖 7-14 進入 LUIS 入口網頁

STEP 5：點選 **[+ New app]** 新增 LUIS 應用程式。

圖 7-15 + New app

STEP 6：填入應用程式名稱、應用程式支援語言、預測資源後點選 **Done**。

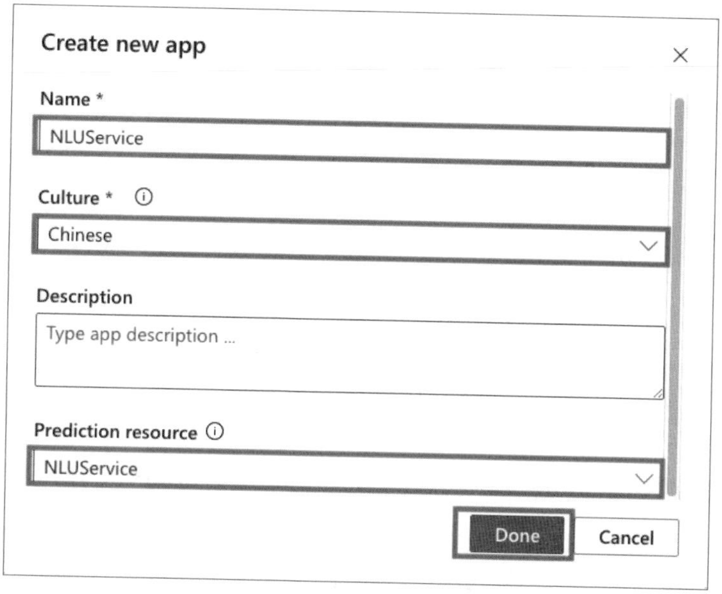

Create new app　✕

Name *

NLUService

Culture *　ⓘ

Chinese

Description

Type app description ...

Prediction resource ⓘ

NLUService

Done　　Cancel

圖 7-16　設定 LUIS 應用程式

STEP 7：畫面回到 LUIS 入口網頁可看見您剛剛建立的應用程式如圖 7-17。

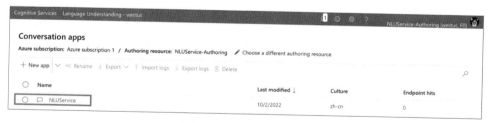

圖 7-17　初始應用程式

　　點選剛剛建立的應用程式，LUIS 入口網頁會顯示 Intents 意圖列表，其中
包含預設的 None 意圖。你現在有一個空的應用程序如圖 7-18 所示。

圖 7-18　預設意圖列表

　　現在可以開始根據您的聊天機器人功能來設計 LUIS 語意理解應用程式
Intents 意圖，建立 Intents 時，每個 Intents 可以視為您的聊天機器人可觸發的
一項功能，預測用戶輸入的意圖只需在創建新意圖中添加觸發此意圖的範例
語句。如果您需要使用到語句中的關鍵字用來搜尋資料，就必須創建 Entities
實體，並將這些實體標記在範例對話語句中。以一個速食店訂餐聊天機器人
為例，其中一項需求是預定餐點，假設用戶輸入："我要**一份雙層牛肉吉士堡
餐、12 點**取餐 "，則預定餐點就是此對話的 Intents 意圖，訂單內容：一份、
雙層牛肉吉士堡餐、12 點則為語句中的 Entities 實體關鍵字，用來作為查詢
或寫入資料的條件。下一小節開始將帶您在 LUIS 應用程式中建立 Intents 意
圖、建立 Entities 實體、並在語句中標記實體，訓練和發佈 LUIS 應用程式。

7.5.1　Create Intents（意圖）

假設今天要開發購物型聊天機器人，以 2 個簡單的需求為例：

1. **找商品**：查詢商品資訊

2. **找商店**：尋找商店位置

Intents 是對使用者輸入的文字進行分類的方式，現在我們開始來替這 2 個需求建立 intents 意圖，流程如下：

STEP 1：進入應用程式 Intents 頁面，點選 **[+Create]** 新增意圖。

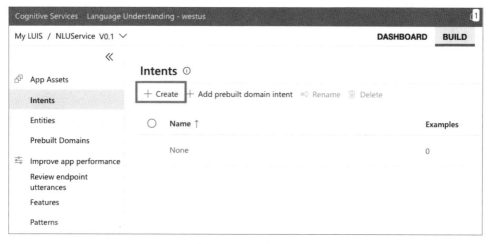

圖 7-19　新增意圖

STEP 2：輸入 Intent 名稱，點選 **Done**。

圖 7-20　輸入意圖名稱

備註：此示例 Intent 名稱為 FindProducts：找商品的意圖，

STEP 3：完成後，可看見下列畫面如圖 7-21。

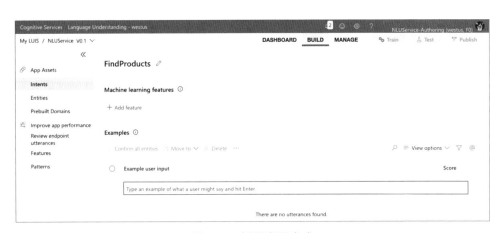

圖 7-21　新增意圖完成

STEP 4：依序填入相關使用者可能輸入的語句如圖 7-22。

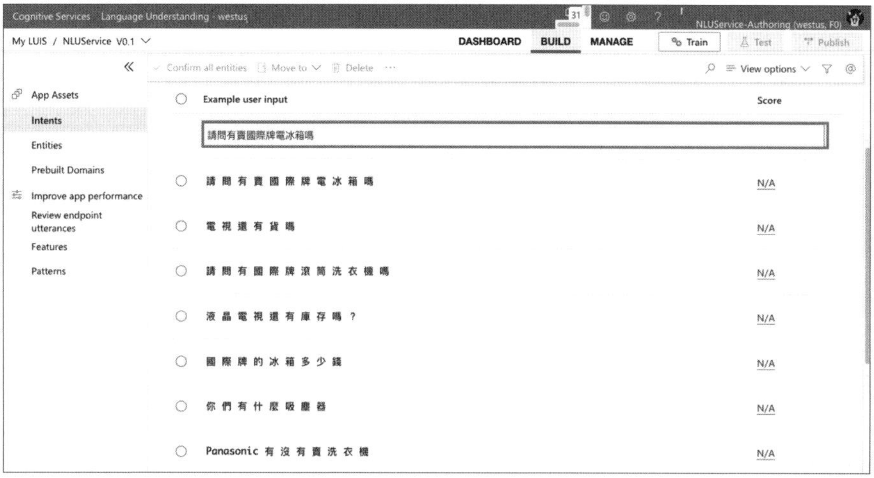

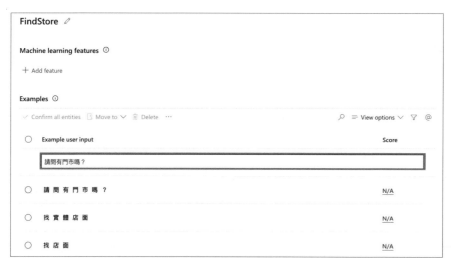

圖 7-22　新增語句

在 Example user input 欄位輸入完語句後，閒置一小段時間，系統將會自動將語句加入 Intents 意圖。

STEP 5：重複 STEP 1~STEP 4 建立 FindStore 找商店的意圖。

圖 7-23　建立新 Intent

提醒：本示例為建立查詢商品資訊 Intent，尋找商店的位置 Intent，請重複步驟
STEP 1 ～ STEP 4，自行練習建立，完成後如示意圖 7-23 尋找商店 Intent 所示

7.5.2 Add Entities（實體）

創建 Entities 實體以後 LUIS（語意理解）應用程式中使用者輸入的語句中
提取關鍵資料。您的客戶端應用程序使用提取的實體數據來滿足客戶請求。
實體表示要提取的話語中的單詞或短語、或用來描述意圖相關的信息，有時
它們對於您的應用程序執行其任務至關重要。

STEP 1：進入應用程式 Entities 頁面，點選 **[+Create]** 新增實體。

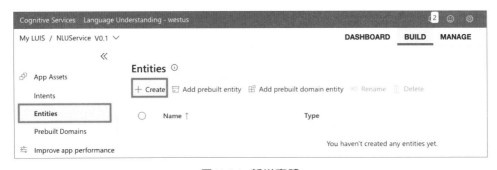

圖 7-24　新增實體

STEP 2：彈跳視窗中，設定圖 7-24 表單中資訊完成後點選 **[Next]**。

1. **Name**：Entity 實體名稱。

2. **Type**：實體的類型、此處選擇 Machine learned。

3. **Add structure**：勾選。此為 Machine learned 實體類型的選項。

Machine learned 的實體類型適用於一個關鍵字可能包含多個內容細節才可定義，比如說商品訂單會需要，數量、類型、品項、配送地等資訊。需勾選 Add structure，替此 Entity 實體建立內容物中的子實體。

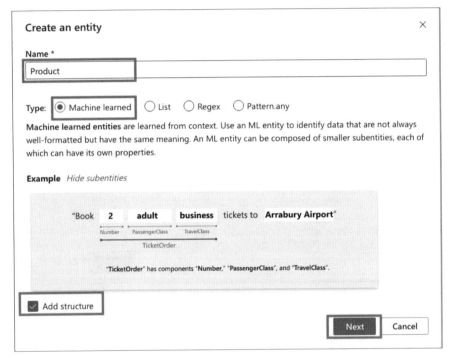

圖 7-25　設定實體

其他的實體類型（Type）如：

1. **List**：將每個實體特徵定義成一個獨立的詞彙表，並設定同義字。與 Machine learned 類型不同的是，然您可以更改 List 列表，但 LUIS 自動不會擴大或縮小列表。

2. **Regex**：設定正規表達式、找出語句中符合正規表達式的關鍵字。

備註：本示例以找商品為意圖，建立語句的 Entities 實體，對找商品來說，含有許多重要資訊如商品品牌、品項種類等，因此此處選擇 Machine learned 作為實體的類型。

STEP 3：點選 **[+] 新增實體子項目**，輸入欄中新增 brand（品牌）、name
（產品名稱）子項目，完成後點選 **[Create]**。

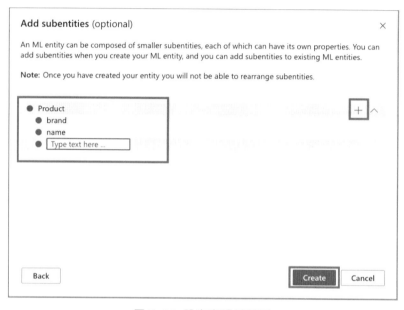

圖 7-26 設定實體子項目

STEP 4：建立完成後可看見圖 7-26 Product Entities 畫面。

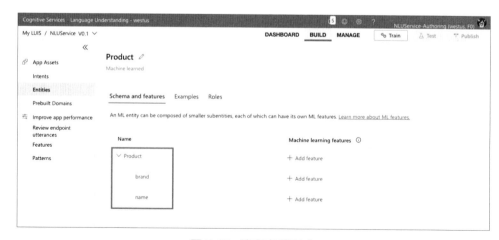

圖 7-26 建立實體完成

備註：Entities 通常用在找尋語句中的重要資訊或參數，本節以找商品為例建立 Intents 與 Entities，您可根據應用程式需求可自行設計 LUIS 應用程式的 Intents 與 Entities 以建立語意理解模型。

7.5.3 標記範例語句中 Entities（實體）

完成建立 Entities 實體後，回到 7.5.1 節建立 Intents 意圖中的範例語句，標注語句中的 Entities，流程如下：

STEP 1：選擇 FindProducts Intents。

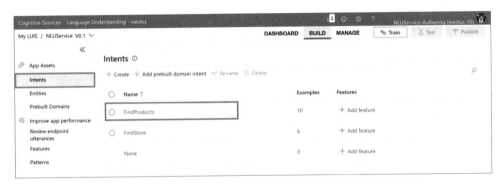

圖 7-28 選擇 Intents

STEP 2：使用滑鼠選取（反白）語句中的實體後選取上一小節建立的 Entities。

圖 7-29 標記 Entities

STEP 3：滑鼠選取（反白）語句中的子實體。

圖 7-30　標記 Entities 子項目

STEP 4：將所有範例語句標記完 Entities 實體後可看見如圖 7-31 畫面。

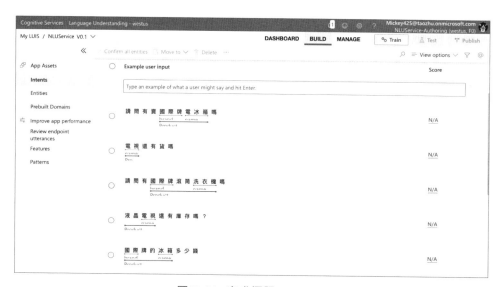

圖 7-31　完成標記 Entities

7.5.4　訓練和測試 LUIS 應用程式

STEP 1：回到 LUIS 應用程式頁面，點選右上角 **[Train]** 按鈕開始訓練。

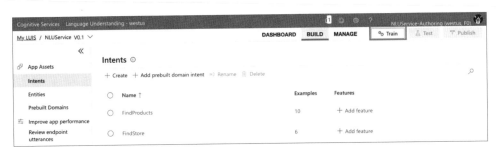

圖 7-32　點選 Train

STEP 2：**[Train]** 變成綠色代表訓練完成如圖 7-33 所示。

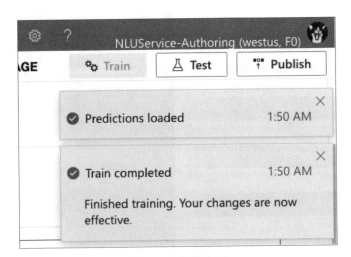

圖 7-33　訓練完成

STEP 3：點選 **[TEST]** 如圖 7-34 所示，開啟右側測試對話框。

NLUService-Authoring (westus, F0)
DASHBOARD
BUILD
MANAGE
Train
Test
Publish
View options

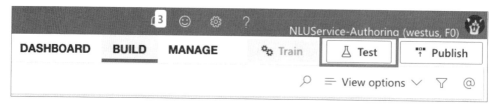

圖 7-34 點選 Test

在右側測試對話框輸入一些語句來進行測試：這些語句都不在原本我們 Intents 意圖設定的範例語句之內，我們發現 LUIS 可以辨識的機率非常高。

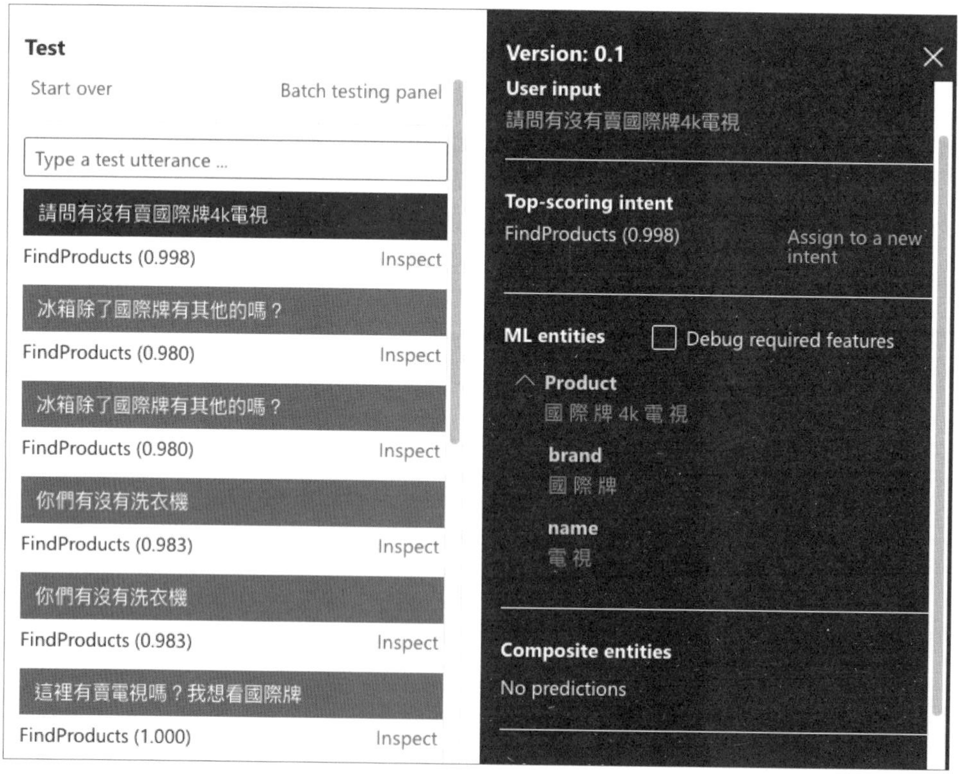

Test
Start over
Batch testing panel
Type a test utterance ...
請問有沒有賣國際牌4k電視
FindProducts (0.998)
Inspect
冰箱除了國際牌有其他的嗎？
FindProducts (0.980)
Inspect
冰箱除了國際牌有其他的嗎？
FindProducts (0.980)
Inspect
你們有沒有洗衣機
FindProducts (0.983)
Inspect
你們有沒有洗衣機
FindProducts (0.983)
Inspect
這裡有賣電視嗎？我想看國際牌
FindProducts (1.000)
Inspect
Version: 0.1
User input
請問有沒有賣國際牌4k電視
Top-scoring intent
FindProducts (0.998)
Assign to a new intent
ML entities
Debug required features
Product
國 際 牌 4k 電 視
brand
國 際 牌
name
電 視
Composite entities
No predictions

圖 7-35 測試 LUIS

7.5.5 發佈 LUIS 應用程式

STEP 1：回到 LUIS 應用程式頁面，點選右上角 **[Publish]** **發佈**應用程式。

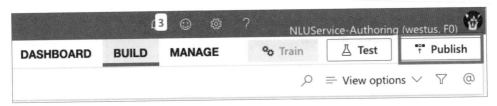

圖 7-36　發佈應用程式

STEP 2：選擇 **[Production slot]** 後點選 **[Done]** 發佈應用程式。

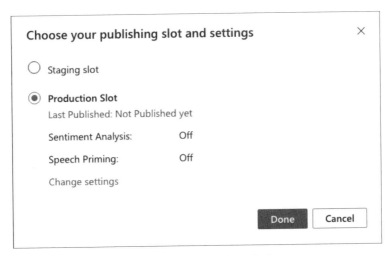

圖 7-37　設定發佈應用程式

STEP 3：跳出通知後即發佈完成。

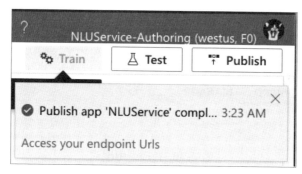

圖 7-38　發佈完成

STEP 4：進入 Azure Resource 頁面可取得金鑰、測試端點等資訊供開發使用。

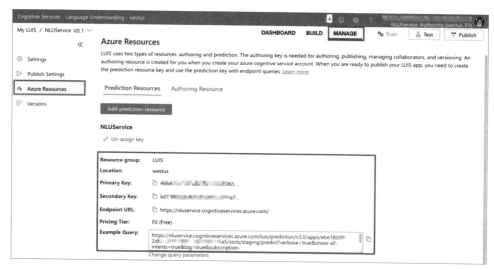

圖 7-39　Manage LUIS 應用程式

STEP 5：開啟 Postman 工具。輸入 **Example Query** 請求測試預測語句。

在 LUIS 入口網頁的 Azure Resources 頁面，找到 Endpoint URL 這便是預測端點，下方有個 Example Query 便是預測端點 API 範例。將其複製並修改 query 語句，測試語意預測的結果如圖 7-40 所示。

圖 7-40　測試 LUIS 預測端點

測試結果 LUIS 返回具有 Intents 與 Entities 的結果。使用者即使隨意輸入語句，透過我們自訂的 LUIS 語意理解模型、解析出有意義的 JSON 資料，判斷出使用者意圖以繼續進行應用程式的業務邏輯。

7.6 Azure Custom Vision

　　Azure 認知服務（Cognitive Services），您已經了解其中的中的 LUIS（Language Understanding）服務，並建立 LUIS 應用程式，先前提到 Azure 認知服務有 4 大項（Vision、Speech、Language、Decision），LUIS 是屬於認知服務中的 Language 的 AI 服務項目，接下來我們來了解並使用認知服務的 Vision 項目中的 Custom Vision 建立自訂的圖像預測模型並能與 Chatbot 整合打造具有影像辨識功能的聊天機器人。

圖 7-41　Custom Vision

7.7 What is Custom Vision?

　　Azure Custom Vision 是一項影像辨識服務如圖，可用於建置、部署和改善自己的影像識別工具。影像識別工具可根據影像的特性對影像進行標記 tag（類別或物件名稱）。 不同於 Azure Computer Vision 服務，用於特定主題的辨識（標記物件、擷取文字、產生影像描述、仲裁內容等），Custom Vision 則讓用戶指定標籤，建構自訂模型來偵測標籤，提供客製化的影像辨識服務。

　　自訂視覺服務會使用機器學習演算法來分析影像。身為開發人員的您只需要準備並上傳具備不同特性的影像資料集。您必須在上傳資料集前自行為影像加上標籤。然後，演算法會針對資料集進行訓練，並藉由對這些影像進行自我測試，計算其本身的精確度。在您訓練模型完成之後，您可以測試、重新訓練優化，最後在影像辨識應用程式中使用它來分類影像。您也可以匯出模型本身以供離線使用。

　　自訂視覺功能可以細分成兩項功能：

1. **影像分類**：將一個或多個分類標籤標注至影像。

2. **物件偵測**：類似於影像分類，標註影像中可辨識物件，但同時會回傳物件座標。

7.8 建立自訂視覺資源群組

　　若要使用自訂視覺服務，您必須在 Azure 中建立自訂視覺訓練和預測資源，流程如下：

STEP 1：登入 **Azure** 入口網站，搜尋後點選 **[自訂視覺]** 項目。

圖 7-42　搜尋自訂視覺服務

STEP 2：點選 **[建立自訂視覺]**。

圖 7-43　建立自訂視覺

STEP 3：填寫資源群組名稱、區域、定價層後，點選 **[檢閱＋建立]**。

Create Options 選擇 : Both。同時建立預測與訓練用的資源。

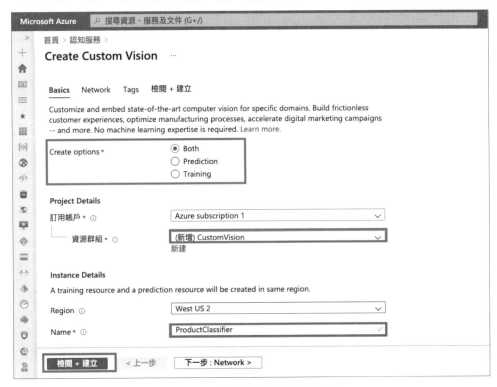

圖 7-44　設定自訂視覺資源群組

STEP 4：確認資訊無誤後點選 [建立]。

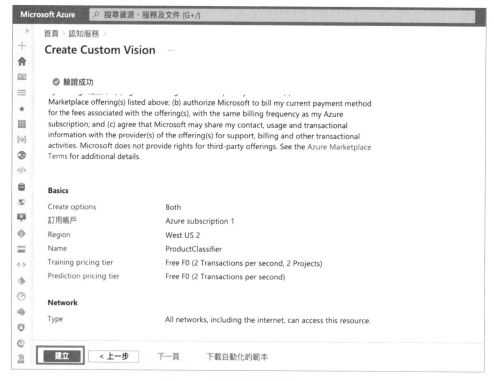

圖 7-45　確認自訂視覺資源群組

STEP 5：等待部署，完成後可看見以下畫面即完成建立自訂視覺資源群組群組。

圖 7-46　完成建立自訂視覺資源群組

點選 **[前往資源群組]** 可查看 LUIS 自訂視覺資源群組如圖 7-47 所示：

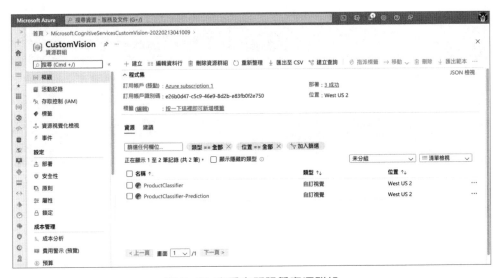

圖 7-47　查看自訂視覺資源群組

7.9 建立自訂視覺分類器

在本快速入門中，您將了解如何使用自訂視覺網站建置影像分類模型。一旦建置了模型，您就可以使用待預測的影像進行測試，最終將其整合到您自己的影像辨識應用程式。

事前準備：

1. 擁有 Azure 帳號

2. 前往 Azure 入口網站，建立自訂視覺資源

3. 準備好一組用於訓練的圖片資料集

STEP 1：首先前往 **Custom Vision** 入口網站並點選 **[Sign IN]** 登入 Azure 帳號。

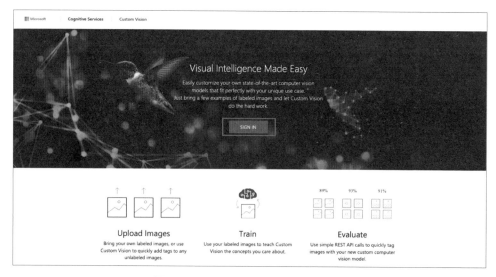

圖 7-48 Custom Vision 入口網站

備註：開啟 Custom Vision 入口網站：https://www.customvision.ai/ 並使用與您的 Microsoft Azure 訂用帳戶登入。

STEP 2：登入後，點選 **[NEW PROJECT]** 建立新的自訂視覺專案。

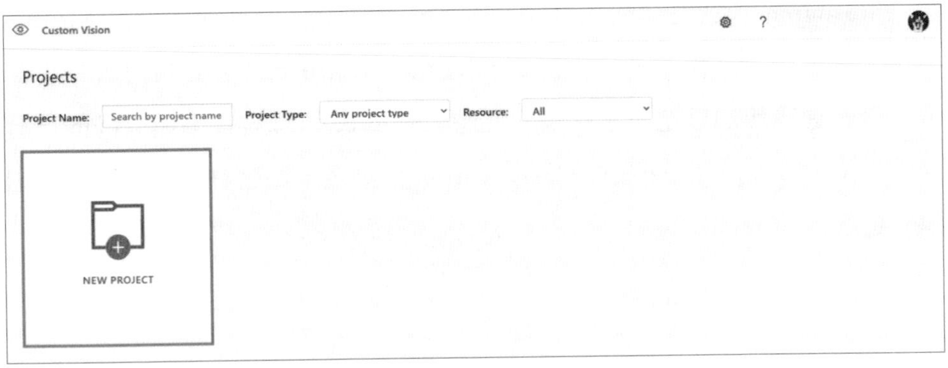

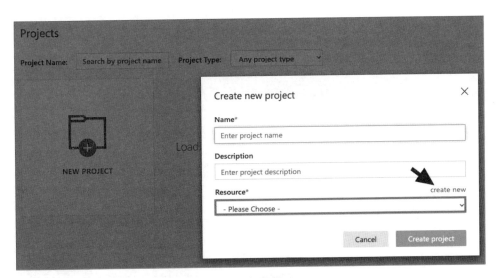

圖 7-49　建立自訂視覺專案

STEP 3：第一次建立專案，請點選 **[create new]** 建立，接著自訂視覺 Resource。

圖 7-50　建立自訂視覺 Resource

STEP 4：設定自訂視覺專案所需資源與參數流程如圖 7-51 所示。

建立 Resource 彈跳視窗輸入 Resource Group 為您在 7.8 節建立的 Custom Vision 資源群組應輸入資訊後點選 **[Create resource]** 建立自訂視覺資源後，**畫面會跳轉回設定專案視窗**，此時 Resource 可以選擇剛建立好的自訂視覺資源，Project Type 選擇 classification 分類器，點選 **[Create project]** 建立專案。

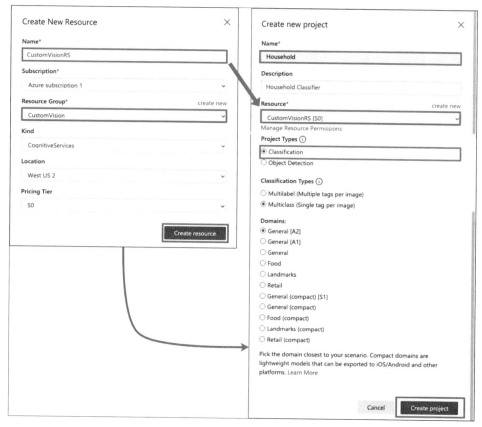

圖 7-51 設定自訂視覺專案流程

STEP 5：點選 **[Add images]** 新增訓練圖像。

圖 7-52　Add images

STEP 6：依序將每個類別的圖像料加入訓練圖像資料集。

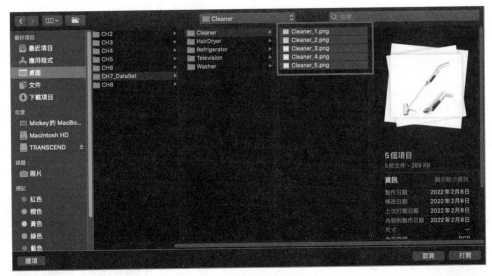

圖 7-53　選擇圖像

備註：本書範例圖像在範例程式資料夾中 CH7_DataSet，每個子資料夾代表一個
產品類別的圖像，新增訓練圖像時可一次選擇多張同一個類別的圖像加入。

STEP 7：輸入該類別標籤名稱，後點選 **[Upload n files]** 上傳訓練資料。

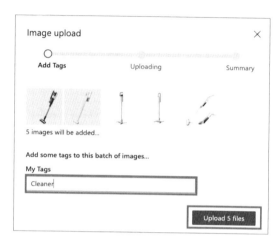

圖 7-54 設定 Tags 標籤名稱

STEP 8：等待資料上傳完成後如圖 7-55，點選 **[Done]**。

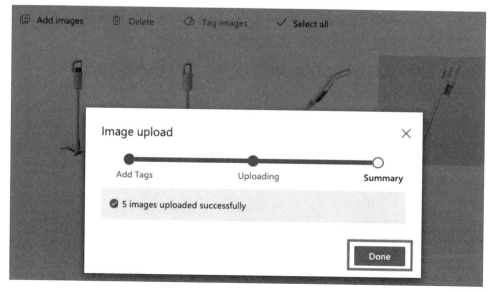

圖 7-55 上傳訓練資料

STEP 9：重複 STEP5~8 上傳各分類訓資料後，點選 **[Train]** 訓練分類器。

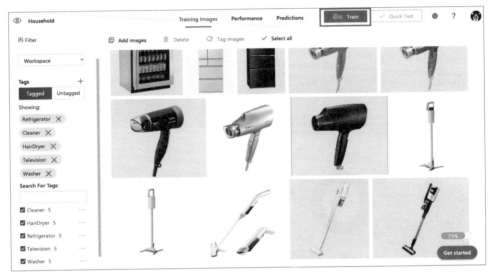

圖 7-56　訓練分類器

STEP 10：選擇 **[Quick Training]** 訓練方案後點選 **[Train]** 進行訓練。

圖 7-57　選擇訓練方案

STEP 11：在 Performance 頁面後點選 **[Publish]** 發佈分類器。

訓練完成後，若要使用 API 端點以程式辨識影像，必須先發佈分類器。如圖 7-58 在 Performance 頁面後點選 **[Publish]**。

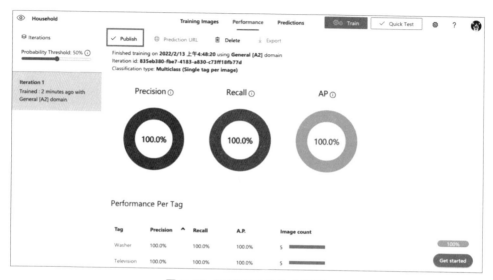

圖 7-58　訓練完成發佈分類器

STEP 12：設定分類器 Model 名稱、與預測資源後選 **[Publish]**。

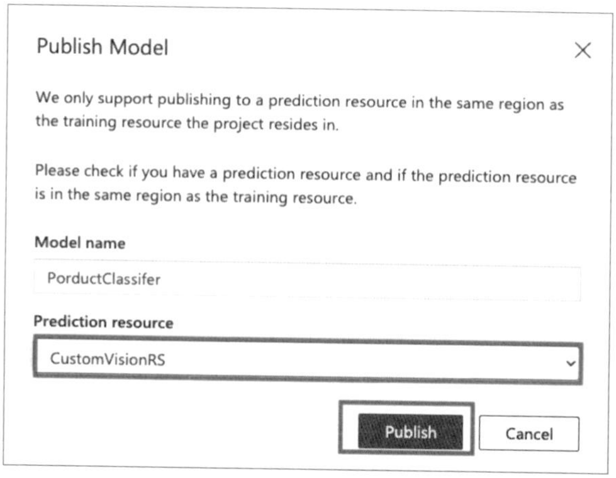

圖 7-59　設定並發佈分類器

如圖 7-60 發佈您的預測分類器模型完成後便可供您自訂視覺資源的預測
API 存取。

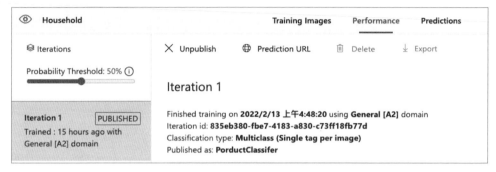

圖 7-60 發佈完成

Note

8

Azure PaaS 服務整合範例：商家聊天機器人

>> 使用 Azure 雲端服務設計應用程式架構

>> 熟悉使用 Azure Platform 整合服務進行開發

>> 範例：開發商家聊天機器人

8.1　使用 Azure 雲服務建置聊天機器人

從 Chaper1~Chapter7，您已熟悉訊息交換平台與許多 Azure 的雲服務，有無伺服器運算、資料庫、資料緩存、服務匯流排（訊息服務）、認知服務等，本節將帶您整合這些服務與技術用來開發一個商家聊天機器人。

事前準備：

1. 擁有 Azure 帳號

2. 安裝 Node.js 14 版以上和 TypeScript 環境

3. 已閱讀 Chapter1~Chapter7

4. 完成建立 Azure Functions 函數應用程式，Cosmos DB 資料庫、
   LUIS & Custom Vision 應用程式等

開始前請先建立一個 LINE 官方帳號作為本節開發測試用的範例商家聊天機器人、詳細流程請參考 Chatper2 的 2.3.5 節

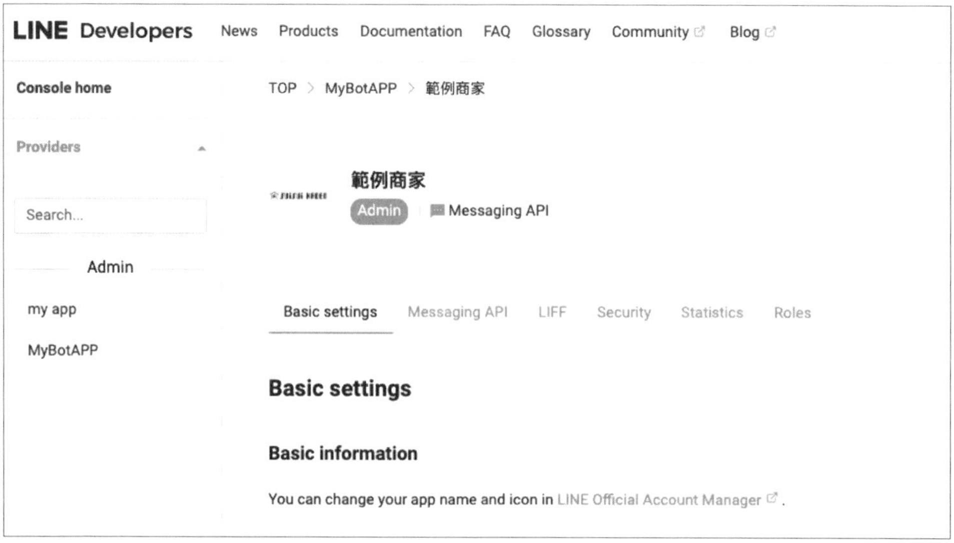

圖 8-1　建立 LINE 官方帳號

8.2 商家聊天機器人的架構

本節將會帶您整合本書所學並操作過的 Azure 雲服務，開發一個商家聊天機器人整合多種 PaaS 雲服務，系統每個雲服務處理資料流程及完整系統架構如圖 8-2 所示：

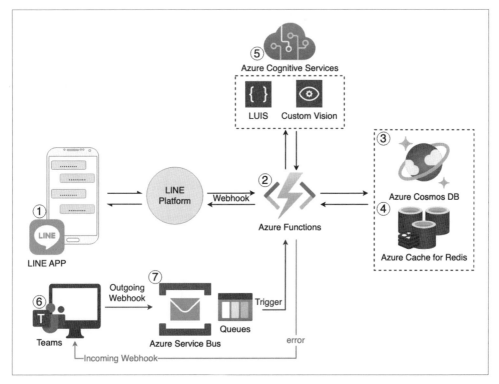

圖 8-2　系統架構圖

1. **LINE Messaging API**：LINE 官方帳號綁定 Webhook URL，建立與後端服務的雙向溝通。

2. **Azure Functions**：開發、建置、部署、管理聊天機器人的 Webhook 函式應用程式，也可建立由 Trigger 觸發的函式。

3. **Azure Cosmos DB**：資料庫 CRUD，儲存會員、貨品、商家等資訊。

4. **Azure Cache for Redis**：緩存重複搜尋的商品資料。

5. **Cognitive Services**：語意理解與自訂視覺，擴充聊天機器人的 AI 能力，了解使用者的意圖與辨識圖像。

6. **Teams Webhook**：透過 Outgoing Webhook 行銷人員推播廣告資訊給用戶，Incoming Webhook 通知開發人員群組系統異常資訊。

7. **Azure Service Bus**：使用佇列傳訊避免重要資訊遺失，透過 Service Bus Trigger 觸發 Azure Functions 函式推播訊息給用戶。

8.3　專案建置流程

使用 Azure CLI 建立一個 Azure Functions 專案用來開發商家聊天機器人，流程如下，範例商家聊天機器人專案總共需要建立三個 Functions 函式：

1. **LineWebhook**：LINE 聊天機器人的 Webhook URl。

2. **TeamsWebhook**：Teams 群組的 Outgoing Webhook。

3. **ServiceBusTrigger**：服務匯流排訊息佇列觸發器。

STEP 1：在終端機執行 $ `func init DemoChatbot --typescript` 指令。

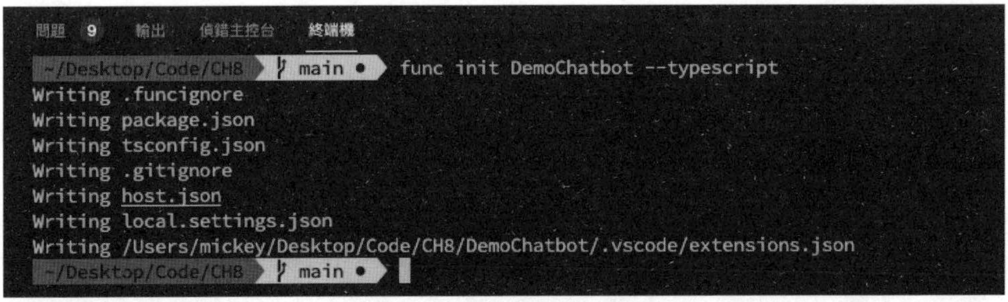

圖 8-3　建立 Functions 專案

STEP 2：終端機執行 $ `cd DemoChatbot` 進入專案資料夾。

建立 Webhook URL 函式

STEP 3：執行 $ `func new --name LineWebhook --template "HTTP trigger"` 指令，建立 LineWebhook 函式。如圖 8-4 所示：

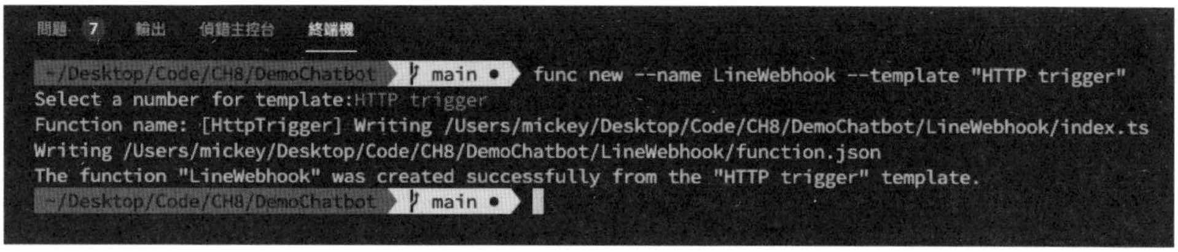

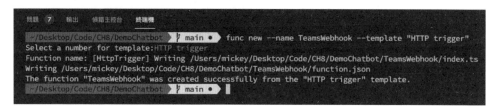

圖 8-4　建立 LineWebhook 函式

建立 TeamsWebhook 函式

STEP 4：執行 $ `func new --name TeamsWebhook --template "HTTP trigger"` 指令，建立 TeamsWebhook 函式。如圖 8-5 所示：

圖 8-5　建立 TeamsWebhook 函式

建立 ServiceBusTrigger 函式

STEP 5：執行 $ `func new --name ServiceBusTrigger --template` `"Azure Service Bus Queue trigger"` 指 令 ， 建 立 ServiceBusTrigger 函式。如圖 8-6 所示：

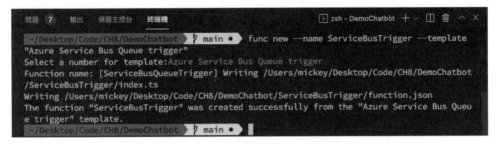

圖 8-6　建立 ServieBusTrigger 函式

> 備註：該指令使用 "Azure Service Bus Queue trigger" 模板建立 Queue 觸發器，每當 Queue 有新訊息時都會觸發該函式。

STEP 6：完成後您會看到專案目錄下多了三個函式資料夾，終端機執行 $ `npm install` 指令安裝下列 package.json 檔案中的 Node.js 模組如圖 8-7 所示：

```
1.  {
2.    "name": "",
3.    "version": "",
4.    "scripts": {
5.      "build": "tsc",
6.      "build:production": "npm run prestart && npm prune
     --production",
7.      "watch": "tsc --w",
8.      "prestart": "npm run build && func extensions install",
9.      "start:host": "func start",
10.     "start": "npm-run-all --parallel start:host watch",
11.     "test": "echo \"No tests yet...\""
```

```
12.    },
13.    "description": "",
14.    "devDependencies": {
15.      "@azure/functions": "^1.0.1-beta1",
16.      "npm-run-all": "^4.1.5",
17.      "typescript": "^3.3.3"
18.    },
19.    "dependencies": {
20.      "@azure/cognitiveservices-customvision-prediction": "^5.1.2",
21.      "@azure/cognitiveservices-luis-runtime": "^5.0.0",
22.      "@azure/cosmos": "^3.15.1",
23.      "@azure/ms-rest-js": "^2.0.8",
24.      "@azure/service-bus": "^7.5.0",
25.      "@line/bot-sdk": "^7.0.0",
26.      "@types/bluebird": "^3.5.32",
27.      "@types/long": "^4.0.1",
28.      "@types/node": "^17.0.20",
29.      "@types/redis": "^2.8.27",
30.      "axios": "^0.26.0",
31.      "azure-function-log-intercept": "^1.0.7",
32.      "bluebird": "^3.7.2",
33.      "redis": "^3.0.2"
34.    }
35. }
```

```
問題 13   輸出   偵錯主控台   終端機

~/Desktop/Code/CH8/DemoChatbot  ⌥ main ●  npm install

up to date, audited 178 packages in 2s

38 packages are looking for funding
  run `npm fund` for details

found 0 vulnerabilities
npm notice
npm notice New minor version of npm available! 8.1.2 -> 8.5.0
npm notice Changelog: https://github.com/npm/cli/releases/tag/v8.5.0
npm notice Run npm install -g npm@8.5.0 to update!
npm notice
~/Desktop/Code/CH8/DemoChatbot  ⌥ main ●
```

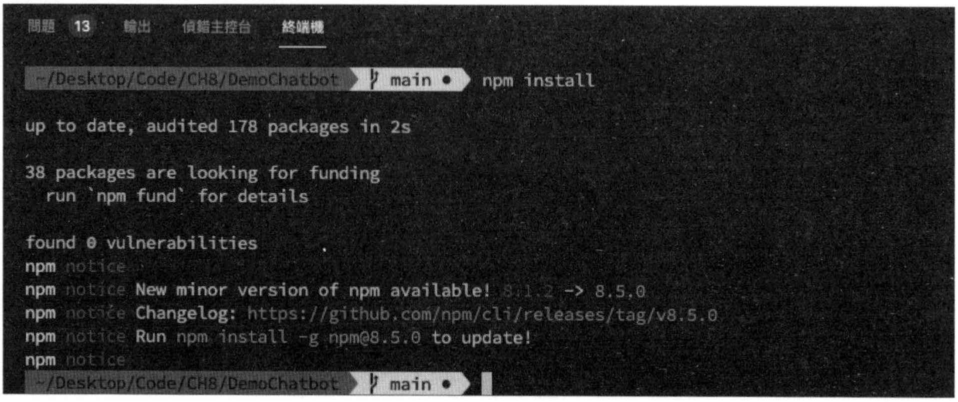

圖 8-7 npm install 安裝所需模組

8.4　專案開發流程

撰寫 LineWebhook 程式

　　首先由聊天機器人 LINE Webhook URL 主程式專案開始建立，專案目錄如下圖 8-8 所示：

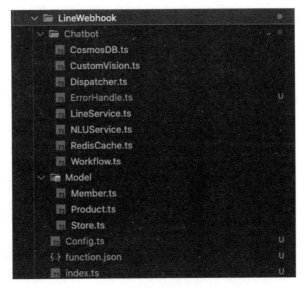

圖 8-8　LineWebhook 專案目錄

　　將範例路徑程式檔案建置完成後，即可開始改寫程式開發聊天機器人。

STEP 1：根據 Model 建立測試資料，資料夾中的 **Member.ts**、**Product. ts**、**Store.ts** 三個資料物件定義檔，他們分別代表：會員資料、產品資料、店家資料，物件中的資訊如下程式：

Mebmer.ts

```
1.  import { Profile } from "@line/bot-sdk";
2.
3.  export interface MemberInterface {
4.      userId: string;
5.      displayName: string;
6.      pictureUrl: string;
7.      createTime: number
8.  }
9.
10. export class Member implements MemberInterface{
11.     userId: string;
12.     displayName: string;
13.     pictureUrl: string;
14.     createTime: number
15.
16.     constructor(profile : Profile, timestamp: number) {
17.         this. userId = profile.userId
18.         this.displayName = profile.displayName
19.         this.pictureUrl = profile.pictureUrl
20.         this.createTime = timestamp
21.     }
22. }
```

Product.ts

```
1.  export interface ProductInterface {
2.      id: string,
3.      brand: string,
4.      type: string,
5.      name: string,
6.      description: string,
7.      imageUri: string
```

```
8.      price: number,
9.      label: string
10.}
11.
12.export class Product implements ProductInterface{
13.     id: string
14.     brand: string
15.     type: string
16.     name: string
17.     description: string
18.     imageUri: string
19.     price: number
20.     label: string
21.
22.     constructor() {}
23.}
```

Store.ts

```
1. export interface StoreInterface {
2.      id: string,
3.      city: string,
4.      address: string,
5.      name: string,
6.      phone: string,
7.      longitude: number,
8.      latitude: number,
9.      description: string
10.}
11.
12.export class Store implements StoreInterface{
13.     id: string
14.     city: string
```

```
15.     address: string
16.     name: string
17.     phone: string
18.     longitude: number
19.     latitude: number
20.     description: string
21.
22.     constructor() {}
23. }
```

修改下列範例產品資料，並在 **CosmosDB** 中建立建立資料庫及容
（**Database1-> Container1**）並新增多組 Item 資料如圖 8-9 所示。商品範例
資料：

```
1.  {
2.      "id": "a195d5f0-d108-4994-8e49-46e91d1c2bf5",
3.      "brand": "Panasonic 國際牌 ",
4.      "type": "JZ2000",
5.      "name": "65 吋 OLED 電視 ",
6.      "description": " 旗艦產品 JZ2000 系列電視，是家庭娛樂系統的完美體現。",
7.      "imageUri": "https://imgur.com/Zbte9jX.jpg",
8.      "price": 109900,
9.      "label": "Television",
10. }
```

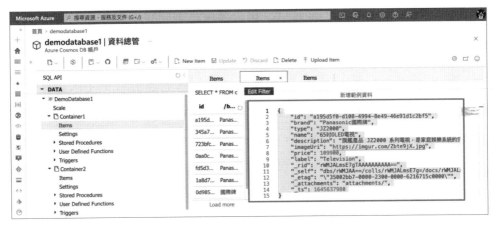

圖 8-9 新增產品範例資料

同時也修改下列範例店家資料，並在 **CosmosDB** 中建立資料庫及容器
（**Database1->Container2**）並新增多組 Item 資料，店家範例資料：

```
1.  {
2.      "id": "c8cdcb5b-ac5b-473e-8791-f177315989a5",
3.      "city": "台南",
4.      "address": "704 台南市北區 xx 路 xxx-xxx",
5.      "name": "家電用品1店",
6.      "phone": "06-2xxxxx6",
7.      "longitude": 120.202545,
8.      "latitude": 23.016275,
9.      "description": "",
10. }
```

提醒：本示例需根據上述 Product.ts 與 Store.ts 建立對應 Model 的資料才可繼續操
作。

備註：目前還不需手動建立對應 Member.ts 的會員資料，後續測試中會在用戶關
注官方帳號時，寫入 Member 資料，但也須先建立 Database1->Container3 用來儲
存 Meber 資料。

STEP 2：修改 Config.ts 程式，填入各服務需要的設定參數。

開啟 Config.ts 檔案後可看到許多服務的設定參數，如果您已完成 Chapter1~7 想必對這些參數並不陌生，將您事先建立好的 LINE 官方帳號、cosmosDB、Redis Cache、LUIS、CustomVision 服務的端點、連線、金鑰等資訊填入 Config.ts，以供全專案程式調用。程式碼 41 行的 incomingWebhookURL 用來將異常資訊推播到 Teams 團隊中，取得團隊 incoming webhook 的方式可參考 Chatper2.2.3 節。

Config.ts

```
1.  export const LINE = {
2.      channelSecret: "<YOUR_CHANNEL_SECRET>",
3.      channelAccessToken: "<YOUR_CHANNEL_ACCESS_TOKEN>"
4.  }
5.
6.  export const COSMOS = {
7.      endpoint: "<YOUR_COSMOSDB_ENDPOINT>",
8.      key: "<YOUR_COSMOSDB_KEY>",
9.      databaseId: "<YOUR_COSMOSDB_DATABASEID",
10.     productContainer: {
11.         containerId: "Container1",
12.         partitionKey: { kind: "Hash", paths: ["/brand"] }
13.     },
14.     storeContainer: {
15.         containerId: "Container2",
16.         partitionKey: { kind: "Hash", paths: ["/city"] }
17.     },
18.     memberContainer: {
19.         containerId: "Container3",
20.         partitionKey: { kind: "Hash", paths: ["/id"] }
21.     }
22. };
```

```
23.
24. export const REDIS = {
25.     redisCacheHostName: "<YOUR_REDIS_CACHE_HOSTNAME>",
26.     redisCacheKey: "<YOUR_REDIS_CACHE_KEY>"
27. }
28.
29. export const LUIS = {
30.     appId: "<LUIS_APPID>",
31.     authoringKey: "<LUIS_AUTHORING_KEY>",
32.     predictionResourceName: "<LUIS_PREDICTION_RESOURCE_NAME>"
33. }
34.
35. export const CUSTOMVISION = {
36.     projectId: "<YOUR_CUSTOMVISION_PROJECTID>",
37.     key: "<YOUR_CUSTOMVISION_KEY>",
38.     endpoint: "<YOUR_CUSTOMVISION_ENDPOINT>"
39. }
40.
41. export const incomingWebhookURL = "<INCOMINGWEBHOOK_URL>"
```

備註：LUIS 及 CUSTOMVISION 的設定參數位置較不好找可參考圖 8-10、8-11

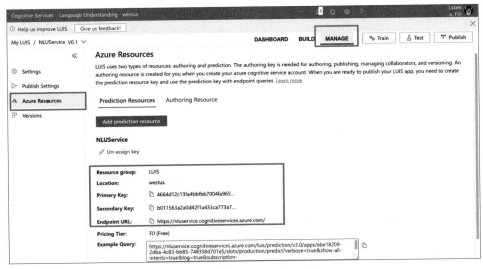

圖 8-10 取得 LUIS 調用參數

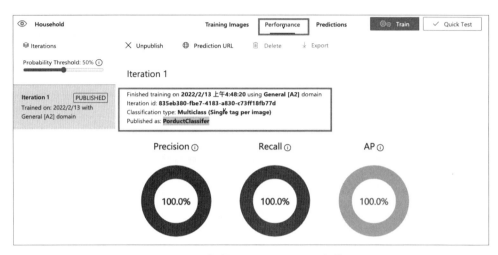

圖 8-11 取得 CustomVision 參數

STEP 3：修改 `index.ts` 程式。

程式碼第 14 行驗證 header 中的 signature 資訊是否來自我們的官方帳號後，將 Webhook Event 交由程式碼第 18 行 dispatcher.eventDispatcher() 處理，26 行使用注入的 ErrorHandle.ts 程式，可將系統錯誤由該行程式透過 incoming webhook 通知 Teams 的開發人員維護群組。

index.ts

```
1. import { AzureFunction, Context, HttpRequest } from "@azure/
   functions"
2. import { WebhookEvent, validateSignature } from "@line/bot-sdk"
3.
4. import { LINE } from "./Config"
5. import * as dispatcher from './chatbot/Dispatcher'
6. import * as errorHandle from './Chatbot/ErrorHandle'
7.
8. const intercept = require('azure-function-log-intercept');
```

```
9.
10. const lineWebhook: AzureFunction = async function (context:
    Context, req: HttpRequest): Promise<void> {
11.     intercept(context);// console.log works now!
12.
13.     const signature: string = req.headers["x-line-signature"]
14.     if (validateSignature(JSON.stringify(req.body), LINE.
    channelSecret, signature)) {
15.         const events = req.body.events as Array<WebhookEvent>
16.
17.         for (const event of events) {
18.             await dispatcher.eventDispatcher(event).catch
    (async (err) => {
19.                 const errorLog = {
20.                     userId: event.source.userId,
21.                     code: err.code,
22.                     message: err.message,
23.                     time: new Date(event.timestamp).toISOString()
24.                 }
25.                 console.log(JSON.stringify(errorLog))
26.                 await errorHandle.alert(errorLog);
27.
28.             })
29.         }
30.     }
31.
32.     context.res = { status: 200, body: 'ok' };
33. };
34.
35. export default lineWebhook;
```

STEP 4：修改 `Dispatcher.ts` 程式。

Dispatcher.ts 程 式 負 責 解 析 Webhook Event 的 內 容，程 式 碼 第 6 行 eventDispatcher 方法，用來分辨事件類型，如果為訊息事件，則由程式碼第 36 行 messageDispatcher 方法，分辨訊息類型為文字、座標、影像，後續由 Workflow.ts 程式進行處理。程式碼 53 行使用將訊息的 messageId，帶入 getImageContent 取得用戶輸入 LINE 官方帳號的圖片實體內容，再帶入 54 行的 CustomVision.ts 圖像辨識程式，將辨識結果帶入 Workflow.ts 程式進行後續的業務邏輯。

Dispatcher.ts

```
1.  import { WebhookEvent, EventMessage } from "@line/bot-sdk"
2.  import * as lineService from "./LineService"
3.  import * as workflow from "./Workflow"
4.  import * as customVision from "./CustomVision"
5.
6.  export const eventDispatcher = async (event: WebhookEvent) => {
7.
8.      let replyToken: string
9.      let userId: string
10.     let timestamp = event.timestamp;
11.
12.     switch (event.type) {
13.         case "follow":
14.             const replyMessage = " 歡迎加入範例商家，很高興為您服務 "
15.             replyToken = event.replyToken
16.             userId = event.source.userId
17.
18.             await workflow.createMember(userId, timestamp);
19.
```

```
20.            const textMessage = lineService.toTextMessage
    (replyMessage)
21.            await lineService.replyMessage(replyToken,
    textMessage)
22.            break;
23.
24.        case "message":
25.            const message: EventMessage = event.message
26.            replyToken = event.replyToken
27.            userId = event.source.userId
28.            await messageDispatcher(message, replyToken, userId)
29.            break
30.
31.        default:
32.            break
33.    }
34. }
35.
36. const messageDispatcher = async (message: EventMessage,
    replyToken: string, userId: string) => {
37.    switch (message.type) {
38.        case "text":
39.            const phrase = message.text
40.            await workflow.predictText(phrase, replyToken)
41.            break
42.
43.        case "location":
44.            const GPS = {
45.                lat: message.latitude,
46.                lon: message.longitude
47.            }
48.            await workflow.findStore(GPS, replyToken)
49.            break
```

```
50.
51.        case "image":
52.            const messageId = message.id
53.            let imageBuffer = await workflow.getImageContent
    (messageId)
54.            const tagName = await customVision.classifyImageByCust
    omVision(imageBuffer)
55.
56.            console.log("TagName: ", tagName);
57.            await workflow.findProductByTag(tagName, replyToken);
58.
59.        default:
60.            break
61.    }
62.}
```

STEP 5：修改 `Workflow.ts` 程式。

Workflow.ts 程式負責處理聊天機器人的主要業務邏輯，程式碼第 11 行 createMember 方法當用戶關注官方帳號時觸發，呼叫第 12 行 LINE 提供地入 userId 取得用戶基本資訊的方法，並在資料庫儲存 Member 資料。程式法 17 行 predicText 方法將用戶輸入的文字訊息，由 21 行呼叫 NLUService. ts 程式理解使用者的意圖，並根據意圖作出對應的回應。程式碼 60 行 findStore 方法可處理用戶輸入的座標訊息，並找出座標附近的店家回應給用戶。程式碼第 101 行 getImageContent 方法，可以呼叫程式第 107 行 lineClient.getMessageContent 方法取得圖像訊息的圖像實體內容，由於官方帳號並不會真的將圖像傳輸到 Webhook，因此 LINE 提供輸入訊息 messageId 取得圖像實體的 API。程式碼第 125 行帶入用來將圖像辨識後的結果搜尋對應的商品資料。

Workflow.ts

```
1.  import * as lineService from "./LineService"
2.  import * as nluService from "./NLUService"
3.  import * as cosmosDB from "./CosmosDB"
4.  import { Client, Message, Profile } from "@line/bot-sdk";
5.
6.  import { Member } from "../Model/Member";
7.  import { Product } from "../Model/Product";
8.  import { Store } from "../Model/Store";
9.  import { LINE } from "../Config";
10.
11. export const createMember = async (userId: string, timestamp:
    number) => {
12.     const profile = await lineService.getUserProfile(userId) as
    Profile;
13.     const member = new Member(profile, timestamp);
14.     await cosmosDB.createMember(member);
15. }
16.
17. export const predictText = async (phrase: string, replyToken:
    string) => {
18.
19.     let products = [] as Array<Product>
20.
21.     const LUISPrediction = await nluService.languageUnderStanding
    (phrase)
22.     const topIntent = LUISPrediction.prediction.topIntent
23.     console.log(topIntent)
24.
25.     switch (topIntent) {
26.         case "FindProducts":
27.             console.log(LUISPrediction.prediction.entities);
```

```
28.            const productEntity = LUISPrediction.prediction.
    entities.Product[0];
29.            console.log(productEntity.brand[0])
30.
31.            if (productEntity.name[0]) {
32.                products = await cosmosDB.getProductByName
    (productEntity.name[0]) as Array<Product>;
33.            }
34.
35.            if (products.length > 0) {
36.                const carouseMessage = lineService.toCarousel
    TemplateMessage(products);
37.                console.log(JSON.stringify(carouseMessage))
38.                await lineService.replyMessage(replyToken,
    carouseMessage)
39.            } else {
40.                const text = " 很抱歉本店查無此商品、請確認商品種類再
    進行查詢。";
41.                const textMessage = lineService.toTextMessage
    (text);
42.                await lineService.replyMessage(replyToken,
    textMessage);
43.            }
44.            break;
45.
46.        case "FindStore":
47.            const text = " 請輸入您的座標位置，查詢周邊店家。";
48.            const textMessage = lineService.to
    TextMessage(text);
49.            await lineService.replyMessage(replyToken,
    textMessage);
50.            break
51.
```

```
52.        default:
53.            const defaultText = " 很抱歉本店無此服務。"
54.            const defaultMessage = lineService.to
   TextMessage(defaultText)
55.            await lineService.replyMessage(replyToken,
   defaultMessage)
56.            break
57.    }
58. }
59.
60. export const findStore = async (GPS: any, replyToken: string) => {
61.
62.    const message = [] as Message[];
63.    let storeItems = await cosmosDB.getStores() as Array
   <Store>;
64.    let nearStores = [] as Array<Store>;
65.
66.    for (let store of storeItems) {
67.        const storeLongitude = store.longitude
68.        const storeLatitude = store.latitude
69.
70.        let R = 6371 // Radius of the earth in km
71.        let dLon = (storeLongitude - GPS.lon) * (Math.PI / 180)
72.        let dLat = (storeLatitude - GPS.lat) * (Math.PI / 180)
   // deg2rad below
73.
74.        let a =
75.            Math.sin(dLat / 2) * Math.sin(dLat / 2) +
76.            Math.cos((GPS.lat) * (Math.PI / 180)) * Math.
   cos((GPS.lat) * (Math.PI / 180)) *
77.            Math.sin(dLon / 2) * Math.sin(dLon / 2)
78.
79.        let c = 2 * Math.atan2(Math.sqrt(a), Math.sqrt(1 - a))
```

```
80.         let d = R * c // Distance in km
81.         if (d < 0.8) {
82.             nearStores.push(store)
83.         }
84.     }
85.
86.     if (nearStores.length > 0) {
87.         for (const store of nearStores) {
88.             const storeMessage = lineService.
    toStoreMessage(store)
89.             const locationMessage = lineService.
    toLocationMessage(store.name, store.address, store.latitude,
    store.longitude)
90.             message.push(storeMessage)
91.             message.push(locationMessage)
92.         }
93.     } else {
94.         const textMessage = lineService.toTextMessage(" 您的附近
    無店家 !")
95.         message.push(textMessage)
96.     }
97.
98.     return lineService.replyMessage(replyToken, message)
99. }
100.
101.  export const getImageContent = async (messageId: string):
    Promise<any> => {
102.     let chunks = [] as Array<any>
103.     let imageBuffer: ArrayBuffer
104.
105.     const lineClient = new Client(LINE)
106.
```

```
107.        await lineClient.getMessageContent(messageId).then(stream
   => {
108.            return new Promise<void>((resolve, reject) => {
109.                stream.on('data', (chunk) => {
110.                    chunks.push(chunk)
111.                });
112.                stream.on('end', () => {
113.                    imageBuffer = Buffer.concat(chunks)
114.                    resolve();
115.                });
116.                stream.on('error', () => {
117.                    reject()
118.                });
119.            })
120.        }).catch(err => console.log(err))
121.
122.        return imageBuffer
123.    }
124.
125.    export const findProductByTag = async (tagName: string,
   replyToken: string) => {
126.        const products = await cosmosDB.getProductsByLabel(tagName)
   as Array<Product>;
127.        console.log(products)
128.
129.        if (products.length > 0) {
130.            const carouseMessage = lineService.toCarouselTemplateM
   essage(products);
131.            return lineService.replyMessage(replyToken,
   carouseMessage)
132.        } else {
133.            const text = "很抱歉本商店無此商品、你可以參考其他商品";
134.            const textMessage = lineService.toTextMessage(text);
```

```
135.         return lineService.replyMessage(replyToken,
    textMessage)
136.    }
137. }
```

STEP 6：修改 `CosmosDB.ts` 程式。

`CosmosDB.ts` 程式負責處理與 Cosmos Database 服務溝通，程式碼 14~17 行使用了使用我們在 Config.ts 中定義的 CosmosDB 連線資訊，宣告三個 Container，用來存取 Member、Product 及 Store 資料。

Workflow.ts

```
1. import { CosmosClient } from "@azure/cosmos"
2. import { COSMOS } from "../Config"
3. import { Member } from "../Model/Member";
4. import { Product } from "../Model/Product";
5. import * as redisCache from './RedisCache'
6.
7. const client = new CosmosClient(
8.     {
9.         endpoint: COSMOS.endpoint,
10.        key: COSMOS.key
11.    }
12. );
13.
14. const database = client.database(COSMOS.databaseId);
15. const memberContainer = database.container(COSMOS.
    memberContainer.containerId);
16. const productContainer = database.container(COSMOS.
    productContainer.containerId);
```

```
17. const storeContainer = database.container(COSMOS.storeContainer.
    containerId);
18.
19. export const createMember = async (member: Member):
    Promise<any> => {
20.     return await memberContainer.items.create(member).then(data => {
21.         if (data.resource) {
22.             const item = data.resource;
23.             console.log(`\r\nCreated new item ${item.userId} -
    ${item.displayName}\r\n`);
24.         }
25.     });
26. }
27.
28. export const getMembers = async (): Promise<any> => {
29.     const querySpec = {
30.         query: "SELECT * from c"
31.     };
32.
33.     const { resources: items } = await memberContainer.items
34.         .query(querySpec)
35.         .fetchAll();
36.     items.forEach(item => {
37.         console.log(`${item.userId}: ${item.displayName}`);
38.     });
39.     return items;
40. }
41.
42. export const getProductByName = async (name: string):
    Promise<any> => {
43.     let products = [] as Array<Product>
44.     let cacheKey = `ProductName:${name}`;
45.
```

```
46.    const querySpec = {
47.        query: `SELECT * from c WHERE c.name like '%${name}%'`
48.    };
49.
50.    if (await redisCache.getData(cacheKey)) {
51.        products = await redisCache.getData(cacheKey)
52.    } else {
53.        const { resources: items } = await productContainer.
   items
54.            .query(querySpec)
55.            .fetchAll();
56.
57.        items.forEach(item => {
58.            products.push(item);
59.            console.log(`${item.id}: ${item.brand} ${item.
   name}`);
60.        });
61.
62.        redisCache.setData(cacheKey, items)
63.    }
64.    return products;
65. }
66.
67. export const getProductsByLabel = async (tagName: string):
   Promise<any> => {
68.
69.    const querySpec = {
70.        query: `SELECT * from c WHERE c.label = '${tagName}'`
71.    };
72.
73.    const { resources: items } = await productContainer.items
74.        .query(querySpec)
75.        .fetchAll();
```

```
76.
77.    items.forEach(item => {
78.        console.log(`${item.id}: ${item.brand} ${item.name}`);
79.    });
80.
81.    return items;
82. }
83.
84. export const getStores = async (): Promise<any> => {
85.
86.    const querySpec = {
87.        query: "SELECT * from c"
88.    };
89.
90.    const { resources: items } = await storeContainer.items
91.        .query(querySpec)
92.        .fetchAll();
93.    items.forEach(item => {
94.        console.log(`${item.id}: ${item.brand} ${item.name}`);
95.        redisCache.setData(item.id, item)
96.    });
97.    return items;
98. }
99.
```

STEP 7：修改 **RedisCache.ts** 程式。

RedisCache.ts 程式負責與 **Redis Cache** 服務溝通，提供 11 行 **setData** 資料寫入 **Cache** 與 16 行 **getData** 從 **Cache** 取得資料 2 支函示。

RedisCache.ts

```
1.  const redis = require("redis");
2.  const bluebird = require("bluebird");
3.  import { REDIS } from '../Config'
4.
5.  bluebird.promisifyAll(redis.RedisClient.prototype);
6.  bluebird.promisifyAll(redis.Multi.prototype);
7.
8.  const cacheConnection = redis.createClient(6380, REDIS.
    redisCacheHostName,
9.      { auth_pass: REDIS.redisCacheKey, tls: { servername: REDIS.
    redisCacheHostName } });
10.
11. export const setData = async (key: string, data: any) => {
12.     console.log("\nCache command: SET Message");
13.     cacheConnection.setAsync(key, JSON.stringify(data));
14. }
15.
16. export const getData = async (key: string) => {
17.     console.log("\nCache command: GET Message");
18.     const product = await cacheConnection.getAsync(key)
19.     return JSON.parse(product)
20. }
```

STEP 8：修改 **NLUService.ts** 程式。

NLUService.ts 程式負責處理與 LUIS 語意理解服務溝通，程式碼第 16 行
languageUnderStanding 方法將用戶的輸入文字表達，透過 LUIS 預測端點
發出請求取得預測結果的 JSON 資料。

NLUService.ts

```
1. import * as msRest from "@azure/ms-rest-js"
2. import * as LUIS_Prediction from "@azure/cognitiveservices-luis-
   runtime"
3. import { LUIS } from "../config"
4.
5. const predictionEndpoint = `https://${LUIS.
predictionResourceName}.cognitiveservices.azure.com/`;
6.
7. const luisAuthoringCredentials = new msRest.ApiKeyCredentials({
8.     inHeader: { "Ocp-Apim-Subscription-Key": LUIS.authoringKey }
9. });
10.
11.const luisPredictionClient = new LUIS_Prediction.
   LUISRuntimeClient(
12.     luisAuthoringCredentials,
13.     predictionEndpoint
14.);
15.
16.export const languageUnderStanding = async (query: string) => {
17.
18.     const request = { query: query };
19.     const response = await luisPredictionClient.prediction.
   getSlotPrediction(LUIS.appId, "Production", request);
20.
```

```
21.    return response
22. }
23.
```

STEP 9：修改 CustomVision.ts 程式

CustomVision.ts 程式負責處理與自訂視覺服務溝通，程式碼第 9 行的 **classifyImageByCustomVision** 方法將圖像的 **Buffer** 型態的圖像資料輸入，經由 **Custom Vision** 服務取得圖像的辨識結果。

CustomVision.ts

```
1. import * as msRest from "@azure/ms-rest-js"
2. import * as PredictionApi from "@azure/cognitiveservices-
   customvision-prediction";
3. import { CUSTOMVISION } from "../config"
4.
5. const predictor_credentials = new msRest.ApiKeyCredentials({
   inHeader: { "Prediction-key": CUSTOMVISION.key } });
6. const predictor = new PredictionApi.PredictionAPIClient(predictor_
   credentials, CUSTOMVISION.endpoint);
7.
8.
9. export const classifyImageByCustomVision = async (imageBuffer:
   ArrayBuffer,): Promise<any> => {
10.    let tagName: String
11.    const projectId = CUSTOMVISION.projectId
12.    const publishedName = CUSTOMVISION.publishedName
13.    const predictedResult = await predictor.classifyImage
   (projectId, publishedName, imageBuffer);
14.
```

```
15.     console.log(predictedResult)
16.     console.log(`\t ${predictedResult.predictions[0].
   tagName}: ${(predictedResult.predictions[0].probability * 100.0).
   toFixed(2)}%`);
17.
18.     tagName = predictedResult.predictions[0].tagName
19.     return tagName
20. }
```

STEP 10：修改 **LineService.ts** 程式

LineService.ts 程式負責處理與 LINE Platform 溝通，程式碼第 7 行 client.
getProfile() 方法可取的 LINE 用戶的基本資訊，第 12、17 行的 replyMessage
與 pushMessage 可使用 LINE 提供的 2 種方式推播訊息給用戶。

LineService.ts

```
1. import { LINE } from "../Config"
2. import { Client, LocationMessage, Message, TextMessage,
   TemplateMessage } from "@line/bot-sdk"
3. import { Store } from "../Model/Store"
4.
5. export const getUserProfile = async (userId: string) :
   Promise<any> => {
6.     const client = new Client(LINE)
7.     return client.getProfile(userId)
8. }
9.
10. export const replyMessage = async (replyToken: string, message:
    Message | Message[]): Promise<any> => {
```

```
11.    const client = new Client(LINE)
12.    return client.replyMessage(replyToken, message)
13. }
14.
15. export const pushMessage = async (userId: string, message: Message
    | Message[]): Promise<any> => {
16.    const client = new Client(LINE)
17.    return client.pushMessage(userId, message)
18. }
19.
20. export const toTextMessage = (text: string): TextMessage => {
21.    return {
22.        type: "text",
23.        text: text
24.    }
25. }
26.
27. export const toLocationMessage = (title: string, address: string,
    lat: number, long: number): LocationMessage => {
28.    return {
29.        "type": "location",
30.        "title": title,
31.        "address": address,
32.        "latitude": lat,
33.        "longitude": long
34.    }
35. }
36.
37. export const toCarouselTemplateMessage = (arr: Array<any>):
    TemplateMessage => {
38.
39.    const columns = [] as Array<any>;
40.
```

```
41.    for (let val of arr) {
42.        const column = {
43.            "thumbnailImageUrl": `${val.imageUri}`,
44.            "imageBackgroundColor": "#FFFFFF",
45.            "title": `${val.brand}${val.name}`,
46.            "text": `${val.description}`,
47.            "actions": [
48.                {
49.                    "type": "uri",
50.                    "label": " 查看更多 ",
51.                    "uri": "https://xxx.xxx.xxx"
52.                },
53.                {
54.                    "type": "postback",
55.                    "label": " 直接購買 ",
56.                    "data": `${val.id}`
57.                }
58.            ]
59.        }
60.        columns.push(column);
61.    }
62.    return {
63.        "type": "template",
64.        "altText": "this is a carousel template",
65.        "template": {
66.            "type": "carousel",
67.            "columns": columns,
68.            "imageAspectRatio": "rectangle",
69.            "imageSize": "cover"
70.        }
71.    }
72. }
73.
```

```
74. export function toStoreMessage(nearStore: Store) {
75.     const storeMessage =
76.         ` 城市：${nearStore.city}\n` +
77.         ` 地址：${nearStore.address}\n` +
78.         ` 店名：${nearStore.name}\n` +
79.         ` 電話：${nearStore.phone}`
80.
81.     return toTextMessage(storeMessage)
82. }
```

STEP 11：修改 **ErrorHandle.ts** 程式

ErrorHandle.ts 程 式 負 責 處 理 系 統 錯 誤 警 示，程 式 碼 第 5 行 為 Teams 的 MessageCard 訊 息 類 型 資 料 物 件，由 程 式 碼 第 35 行 呼 叫 **incomingWebhookURL** 將系統錯誤資訊傳至 Teams 群組。

ErrorHandle.ts

```
1.  import axios from "axios";
2.  import { incomingWebhookURL } from '../Config'
3.
4.  export const alert = async (errorLog: any) => {
5.      const errorMessage = {
6.          "@type": "MessageCard",
7.          "@context": "http://schema.org/extensions",
8.          "summary": " 範例商店系統錯誤通知 ",
9.          "sections": [
10.             {
11.                 "activityTitle": " 範例商店系統錯誤通知 ",
12.                 "activityImage": "",
13.                 "facts": [
```

```
14.                    {
15.                        "name": " 使用者 userID",
16.                        "value": errorLog.userId
17.                    },
18.                    {
19.                        "name": " 錯誤代碼 ",
20.                        "value": errorLog.code
21.                    },
22.                    {
23.                        "name": " 錯誤訊息 ",
24.                        "value": errorLog.message
25.                    },
26.                    {
27.                        "name": " 發生時間 ",
28.                        "value": errorLog.time
29.                    }
30.                ]
31.            }
32.        ]
33.    }
34.
35.    return axios.post(incomingWebhookURL, errorMessage)
36.}
```

　　目前您已完成 **LineWebhook** 函式專案。接下來將帶您繼續開發 8.2 節系統架構圖中的 TeamsWebhook、以及 ServiceBusTrigger 函式觸發器。

撰寫 TeamsWebhook 程式

TeamsWebhook 程式的功能是提供行銷人員從 Team 團隊群組推播訊息給 LINE 官方帳號的關注者，開始建立 **TeamsWebhook** 專案，專案目錄如下圖 8-12 所示：

圖 8-12 TeamsWebhook 專案目錄

將範例路徑程式檔案建置完成後，即可開始改寫程式開發 **TeamsWebhook** 函式。

STEP 1：修改 index.ts 程式

程式碼第 15 行，取得關注商家聊天機器人的 Member 資料，並在程式碼第 17~25 行準備預傳送至 Queue 的訊息，訊息內容包含，Teams 群組透過 TeamsWebhok 傳送的訊息與，用戶的 LINE userId，程式碼 27 行呼叫 sender.ts 程式，將訊息傳送至 Queue 等待處理。

```
1. import { AzureFunction, Context, HttpRequest } from "@azure/
   functions"
2. import { ServiceBusMessage } from "@azure/service-bus";
3. import * as sender from './sender'
4. import * as cosmos from '../LineWebhook/Chatbot/CosmosDB'
5. import { Member } from "../LineWebhook/Model/Member";
6.
```

```
7. const intercept = require('azure-function-log-intercept');
8.
9. const httpTrigger: AzureFunction = async function (context:
    Context, req: HttpRequest): Promise<void> {
10.
11.     intercept(context);
12.     console.log("Send message to Queue: ", req.body.text);
13.
14.     let serviceBusMessages = [] as ServiceBusMessage[];
15.     const members = await cosmos.getMembers() as Member[];
16.
17.     for (let member of members) {
18.         const message = {
19.             body: {
20.                 userId: member.userId,
21.                 text: `${req.body.text}`
22.             }
23.         } as ServiceBusMessage
24.         serviceBusMessages.push(message)
25.     }
26.
27.     await sender.send(serviceBusMessages)
28.     context.res = { status: 200, body: 'ok' };
29. };
30.
31. export default httpTrigger;
```

STEP 2：修改 **sender.ts** 程式

將您建立 ServiceBus 服務的 Namespace 連接字串，填入程式第 3 行、與
Queue 的名稱，填入程式碼第 4 行。

```
1.  import { ServiceBusClient, ServiceBusMessage } from '@azure/
    service-bus';
2.
3.  export const connectionString = "<Connection_String_To_Your_
    Namespace>";
4.  export const queueName = "<Name_Of_Queue>"
5.
6.  export const send = async (messages: ServiceBusMessage[]):
    Promise<any> => {
7.
8.      const sbClient = new ServiceBusClient(connectionString);
9.      const sender = sbClient.createSender(queueName);
10.
11.     try {
12.
13.         let batch = await sender.createMessageBatch();
14.
15.         for (let i = 0; i < messages.length; i++) {
16.             console.log(`message to batch: ${JSON.
    stringify(messages[i])}`)
17.             // try to add the message to the batch
18.             if (!batch.tryAddMessage(messages[i])) {
19.                 await sender.sendMessages(batch);
20.                 // then, create a new batch
21.                 batch = await sender.createMessageBatch();
22.             }
23.         }
24.
```

```
25.        // Send the created batch of messages to the queue
26.        await sender.sendMessages(batch);
27.        console.log(`Sent a batch of messages to the queue:
   ${queueName}`);
28.
29.        // Close the sender
30.        await sender.close();
31.
32.    } catch (err) {
33.        console.log("Error occurred: ", err);
34.        process.exit(1);
35.    } finally {
36.        await sbClient.close();
37.    }
38.}
```

撰寫 ServiceBusTrigger 程式

ServiceBusTrigger 程式的功能是處理行銷人員從 Team 團隊群組傳送到 Queue 等待處理的訊息，每當有新訊息時會觸發該觸發器函式，解析訊息中的資訊後推播訊息給 LINE 官方帳號的關注者，開始建立 ServiceBustrigger 專案，專案目錄如下圖 8-12 所示：

圖 8-13 ServiceBusTrigger 專案目錄

將範例路徑程式檔案建置完成後，即可開始改寫程式開發 **ServiceBusTrigger** 函式。

STEP 1：修改 **index.ts** 程式

將我們使用函式 Template 指令建立的 ServicerBus Queue Trigger 程式，修改如下程式碼，每當 Queue 有新的訊息時，皆會觸發該程式。程式碼第 7 行，清理 TeamsWebhook 訊息中的多餘標籤，透過程式碼第 9 行的 LineService.ts 程式，使用 pushMessage 方法將訊息推播給聊天機器人的關注者。

```
1. import { AzureFunction, Context } from "@azure/functions"
2. import * as lineService from '../LineWebhook/Chatbot/LineService'
3.
4. const serviceBusQueueTrigger: AzureFunction = async function
   (context: Context, mySbMsg: any): Promise<void> {
5.     context.log('ServiceBus queue trigger function processed
   message', mySbMsg);
6.
7.     const text = mySbMsg.text.replace(/(<([^>]+)>)/ig,"")
8.     const textMessage = lineService.toTextMessage(text);
9.     await lineService.pushMessage(mySbMsg.userId, textMessage);
10.};
11.
12.export default serviceBusQueueTrigger;
```

STEP 2：修改 **functions.ts** 程式

設定 funtions.ts 檔案定義，將您建立用來傳訊的 Queue 名稱填入第 7 行，並指定程式碼第 8 行的 connentions 欄位，指定函式應用程式連接到服務匯流排的方式，該觸發器程式使用 Namespace 連接字串來連接服務匯流排，此處填入 "sbConnection" 為連接字串在本機取用設定的參考名稱。

```
1. {
2.    "bindings": [
3.      {
4.        "name": "mySbMsg",
5.        "type": "serviceBusTrigger",
6.        "direction": "in",
7.        "queueName": "<Name_Of_Queue>",
8.        "connection": "sbConnection"
9.      }
10.   ],
11.   "scriptFile": "../dist/ServiceBusTrigger/index.js"
12. }
```

注意：connection 欄位不能直接填入服務匯流排 Namespace 連接字串！

STEP 3：修改 local.setting.json 程式

開啟 DemoChatbot 專案預設的 **local.setting.josn** 程式如圖 8-14 所示。

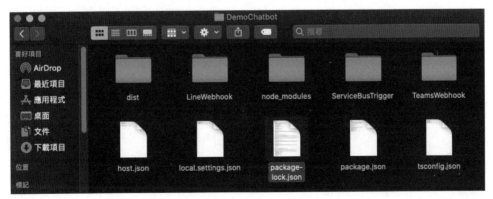

圖 8-14 local.setting.josn 位置

　　程式碼第 6 行，加入上一步驟服務匯流排觸發器函式的 functions.ts 設定檔中的 **connections** 欄位值，作為一個新的欄位，並填入您的服務匯流排 Namespace 連接字串。

```
1.  {
2.    "IsEncrypted": false,
3.    "Values": {
4.      "FUNCTIONS_WORKER_RUNTIME": "node",
5.      "AzureWebJobsStorage": "",
6.      "sbConnection": "<Connection_String_To_Your_Namespace>"
7.    }
8.  }
```

| 備註：函式在本機啟動時，會進入 local.setting.json 檔案取得該連接字串。

8.5 專案測試

恭喜您完成商家聊天機器人程式開發，您可以開始測試聊天機器人功能，在本機測試專案只需在 **DemoChatbot** 函式專案目錄下執行 $ npm start 指令。如圖 8-15 所示畫面出現：LineWebhook、TeamsWebhook 端點以及 ServiceBusTrigger 函式觸發器即啟動成功。

STEP 1：執行 $ npm start 指令啟動專案。

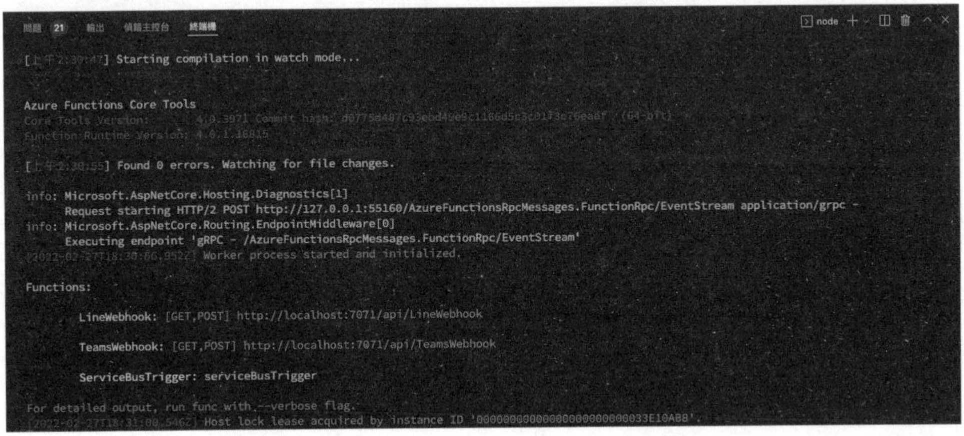

圖 8-15　執行 DemoChatbot 專案

STEP 2：開啟一新的終端機執行 $ ngrok http 7071。

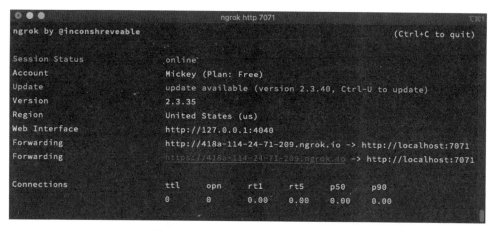

圖 8-16　執行 DemoChatbot 專案

STEP 3：設定 LineWebhook、TeamsWebhook 端點。

設定範例商家 LINE 官方帳號 Webhook URL 端點、與 Teams 團隊群組的 Outgoing Webhook URL 端點。

> 備註：設定方式可參考 Chapter2: 訊息交換平台，有詳細的流程

STEP 4：關注範例商家官方帳號。

圖 8-17　關注官方帳號

如圖 8-17 所示掃描商家 LINE 官方帳號加入好友後，聊天機器人回應歡迎訊息，同時前往 Azure 入口網頁開啟 Cosmos DB，如圖 8-18 可看見 Container3 新增了一筆 Member 會員資料。

圖 8-18　儲存新會員資料

STEP 5：輸入不同訊息測試範例商家官方帳號。

測試情境（一）輸入座標搜尋附近商店

圖 8-19 為輸入座標查詢附近商家成功／失敗案例，如輸入座標後聊天機器人會回應附近的商家資訊及位置座標。

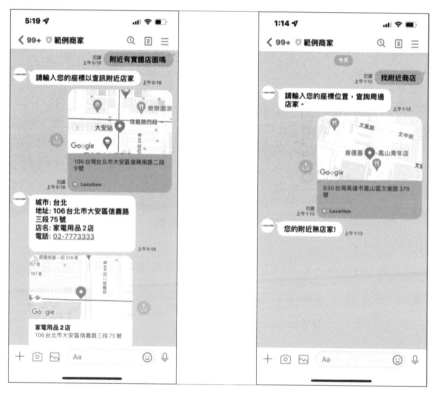

圖 8-19　座標搜尋商店

測試情境（二）語意理解尋找商店意圖

您可以嘗試各種不同語句表達搜尋商店的意圖，如圖 8-20 可看見聊天機器人，由於 LUIS 服務幾乎都正確判斷出使用者意圖。

圖 8-20　座標搜尋商店

測試情境（三）搜尋特定商品

輸入品牌及商品名稱搜尋商品資訊如圖 8-21 所示。

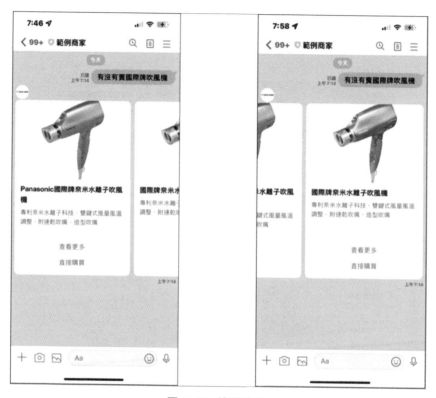

圖 8-21　搜尋商品

測試情境（四）語意理解商品實體

除了可判斷使用者意圖，LUIS 也能辨識不同商品種類的實體，搜尋正確的資料。

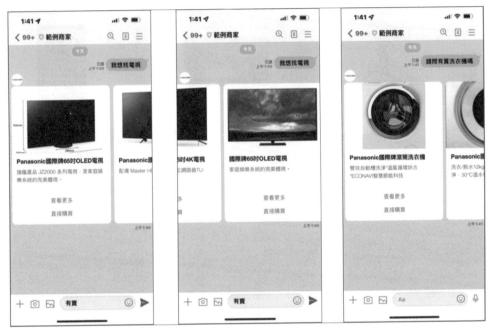

圖 8-22　語句實體搜尋商品

測試情境（五）自訂視覺辨識搜尋商品

透過 Custom Vision 服務辨識，使機器人具備影像辨識能力如圖 8-23 所示。

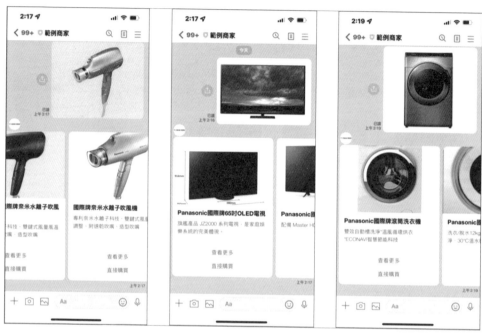

圖 8-23　影像搜尋商品

測試情境（六）Teams 推播 LINE 機器人

行銷 Teams 群組，透過 TeamsWebhook 函式，推播訊息至服務匯流排 Queue 後，服務匯流排觸發器 ServiceBusTrigger 函式處理訊息推播給使用者如圖 8-24 所示。

圖 8-24　Teams 推播用戶

測試情境（七）LINE 系統異常警示 Teams

當雲端服務出現系統異常時推播工程師 Teams 群組，如圖 8-25 所示。

備註：只需將 8.4 節 LineWebhook 函式專案中 config.ts 程式內任一服務設定成錯的連線資訊，如造成資料庫連線失敗後使用聊天機器人，即可模擬系統異常。

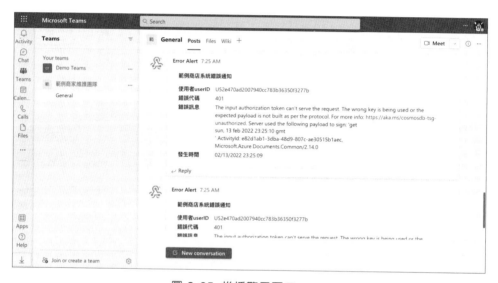

圖 8-25　推播警示至 Teams

8.6　專案部署 Azure 平台

您已完成本機測試範例商家聊天機器人專案，現在我們可以將專案中的第三個函式功能（LineWebhook、TeamsWebhook、ServiceBusTrigger）部署至 Azure Functions，即可隨時隨地使用聊天機器人。

STEP 1：前往 Azure 入口網站，建立 DemoChatbot 函式應用程式。

> 備註：建立流程可參考 3.7.1 節，如已建立可跳過此步驟。

圖 8-26　建立函式專案

STEP 2：進入函式應用程式 **[組態]** 頁面，新增 **sbConnection** 連接字串。

> 提醒：8.4 節建置 ServiceBusTrigger 時我們在 local.setting.json 檔案設定服務匯流排連接字串，由於部署 Azure 雲端後程式無法在 local 端取用該檔案，因此需要在函式專案組態頁面設定連接字串如圖 8-27 所示。

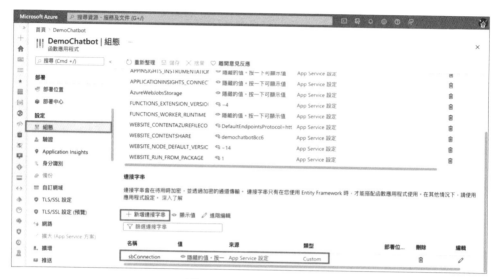

圖 8-27　設定連接字串

STEP 3：終端機輸入 $ npm run build:production 編譯專案

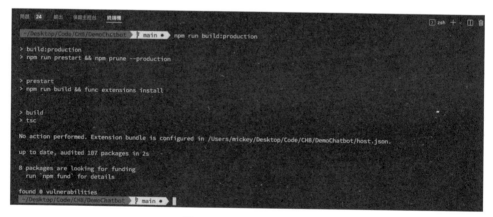

圖 8-28　編譯函式專案

STEP 4：終端機輸入 $ `func azure functionapp publish` `DemoChatbot` 進行部署。

圖 8-29　部署 Azure 函式專案

部署完成後前往 Azure 入口網站查看函示頁籤如圖 8-30，可看見本專案三個函式。

圖 8-30　部署完成畫面

　　將部署後的 Webhook URL 端點填入至 Teams 與 LINE 平台對應的 Webhook 設定位置，並重新測試您在 8.5 節本機測試過的聊天機器人功能，便可以隨時隨地使用您開發的聊天機器人嘍！本書帶讀者使用許多 Azure 打造聊天機器人，使用了無伺服器運算、資料庫、認知服務、服務匯流排等，除了這些 PaaS 服務之外 Azure 還提供了數以百計的雲端服務，開發人員只需簡單地設定、租用便能使用 Azure 雲服務，設計解決方案加速開發應用程式！希望讀者們在閱讀本書後，能熟悉使用 Azure 雲端平台，設計雲端系統架構並打造自己的應用程式。

Note

Note

Note

Note

民眾財經網

股市消息滿天飛，多空訊息如何判讀？

看到利多消息就進場，你接到的是金條還是刀？

消息面是基本面的溫度計

更是籌碼面的照妖鏡

不當擦鞋童，就從了解消息面開始

民眾財經網用AI幫您過濾多空訊息

用聲量看股票

讓量化的消息面數據讓您快速掌握股市風向

掃描QR Code加入「聲量看股票」LINE官方帳號

獲得最新股市消息面數據資訊

民眾新聞網

民眾日報從1950年代開始發行紙本報，隨科技的進步，逐漸轉型為網路媒體。2020年更自行研發「眾聲大數據」人工智慧系統，為廣大投資人提供有別於傳統財經新聞的聲量資訊。為提供讀者更友善的使用流覽體驗，2021年9月全新官網上線，也將導入更多具互動性的資訊內容。

為服務廣大的讀者，新聞同步聯播於YAHOO新聞網、LINE TODAY、PCHOME 新聞網、HINET新聞網、品觀點等平台。

民眾網關注台灣民眾關心的大小事，從民眾的角度出發，報導民眾關心的事。反映國政輿情，聚焦財經熱點，堅持與網路上的鄉民，與馬路上的市民站在一起。

歡迎訪問民眾網：https://www.mypeoplevol.co